Go 语言中的高效并发技术

[美] 波拉克·瑟达　著

黄永强　译

清华大学出版社

北京

内 容 简 介

本书详细阐述了与 Go 语言并发技术相关的基本知识，主要包括并发——高级概述、Go 并发原语、Go 内存模型、一些众所周知的并发问题、工作池和管道、错误和恐慌处理、Timer 和 Ticker、并发处理请求、原子内存操作、解决并发问题等内容。此外，本书还提供了相应的示例、代码，以帮助读者进一步理解相关方案的实现过程。

本书适合作为高等院校计算机及相关专业的教材和教学参考书，也可作为相关开发人员的自学用书和参考手册。

北京市版权局著作权合同登记号 图字：01-2023-3206

图书在版编目（CIP）数据

Go 语言中的高效并发技术 /（美）波拉克·瑟达著；黄永强译. —北京：清华大学出版社，2024.4
书名原文：Effective Concurrency in Go
ISBN 978-7-302-65974-7

Ⅰ. ①G… Ⅱ. ①波… ②黄… Ⅲ. ①程序语言—程序 Ⅳ. ①TP312

中国国家版本馆 CIP 数据核字（2024）第 067685 号

责任编辑：贾小红
封面设计：刘 超
版式设计：文森时代
责任校对：马军令
责任印制：沈 露

出版发行：清华大学出版社
　　　　网　　　址：https://www.tup.com.cn，https://www.wqxuetang.com
　　　　地　　　址：北京清华大学学研大厦 A 座　　　邮　　编：100084
　　　　社 总 机：010-83470000　　　　　　　　　邮　　购：010-62786544
　　　　投稿与读者服务：010-62776969，c-service@tup.tsinghua.edu.cn
　　　　质量反馈：010-62772015，zhiliang@tup.tsinghua.edu.cn
印 装 者：三河市人民印务有限公司
经　　销：全国新华书店
开　　本：185mm×230mm　　印　　张：12.75　　字　　数：256 千字
版　　次：2024 年 5 月第 1 版　　　　　　　印　　次：2024 年 5 月第 1 次印刷
定　　价：89.00 元

产品编号：102819-01

献给 Berrin、Selen 和 Ersel

——Burak Serdar

译　者　序

　　近年来,已经有越来越多的公司选择使用 Go 语言。2023 年 3 月,由软件评价公司 Tiobe 发布的编程语言排行榜上,Go 语言发力进入了前 10 名的行列,与排名第 9 的 PHP 相差甚微。作为一种在 2009 年 11 月才正式宣布推出的编程语言,Go 凭什么获得越来越多开发人员的青睐呢?

　　这不得不说与今天的编程需要有关。当前无论是哪一种类型的应用,需要处理的数据量都非常巨大,因此高性能编程语言获得了前所未有的发展机遇,Go 语言也不例外。作为一种开源、静态类型的编程语言,Go 语言的设计目标是简洁、易用、高效、并发。Go 语言非常擅长处理高并发场景,因此它也成为许多互联网公司的首选语言。

　　作为一种快速、简单和高效的编程语言,Go 语言可以更快速地构建原型和迭代产品,并且其生态系统也非常丰富。许多优秀的开源库和框架(如 Docker、Kubernetes 等)都支持 Go 语言,这也使得它在高性能编程领域中备受关注。

　　本书重点介绍 Go 语言并发原语,阐释常见的并发概念(如竞争、原子性、死锁和饥饿等),讨论 Go 内存模型、工作池、管道和错误处理机制,描述 Timer 和 Ticker 等多用途工具,并通过编程实例演示如何并发处理请求,包括如何有效使用上下文、如何通过工作池分配工作和收集结果、如何限制并发以及如何流传输数据等。

　　此外,本书还介绍读取堆栈跟踪信息等技能,这些技能对于帮助开发人员解决实际编程问题将大有裨益。

　　在翻译本书的过程中,为了更好地帮助读者理解和学习,本书以中英文对照的形式保留了大量的原文术语。这样的安排不仅方便读者理解书中的代码,还可以帮助读者通过网络查找和利用相关资源。

　　本书由黄永强翻译,黄进青、熊爱华等也参与了部分翻译工作。由于译者水平有限,书中难免有疏漏和不妥之处,在此诚挚欢迎读者提出任何意见和建议。

前　　言

语言表达了我们的思维方式。我们如何处理问题并制定解决方案取决于我们可以使用语言表达的概念。这对于编程语言也是如此。给定一个问题，为解决该问题而编写的程序可能因为语言的不同而有较大的差异。本书讲述的是如何用 Go 语言来表达并发算法并编写程序，以及如何了解这些程序的行为方式。

Go 语言与许多流行语言的不同之处在于它强调可理解性。这与可读性不同。许多用易于阅读的语言编写的程序是难以理解的。过去，我也曾陷入使用使编程变得容易的框架来编写组织良好的程序的陷阱。这种方法的问题在于，一旦编写完成，程序就开始了自己的生命周期，而其他人则接管了它的维护工作。在开发阶段形成的专有知识丢失了，如果没有原始开发团队中最后一个人的帮助，那么团队留下的程序将无法理解。开发程序与写小说没有太大区别。小说是为了让别人读而写的，程序也是如此。你的程序如果没有人能理解，那么肯定无法长期运行。

本书将尝试解释如何在 Go 语言中使用并发结构进行思考，以便你在获得一段代码时能够清晰地理解该程序将如何运行，并且其他人也可以更轻松地理解你编写的程序。本书首先对并发以及 Go 语言的处理方式进行较高层次上的阐释，然后使用并发算法解决若干个实用的数据处理问题。毕竟，编写程序就是为了处理数据。本书希望你理解并发模式是如何在解决现实问题的同时全面发展的，这可以帮助你获得高效使用该语言的技能。本书后面的章节还介绍更多示例，这些示例涉及计时、周期性任务、服务器编程、流媒体和原子内存操作等。最后一章则讨论故障排除和调试等。

限于篇幅，本书无法讨论与并发相关的所有主题。还有很多领域没有被探索。但是我相信，你一旦完成了本书中提供的所有示例，就会对使用并发解决问题更有信心。每个人都在抱怨并发很难，但是，正确使用语言将使开发人员可以更轻松地生成正确的程序。你应该永远记住的经验法则是：正确性优先于性能。因此，我们首先要让它正常工作，然后才能让它更快地工作。

本书读者

如果你是一名具有 Go 语言基础知识并希望获得高并发后端应用程序开发专业知识的

开发人员，那么这本书就是适合你的。本书还将吸引各种经验水平的 Go 开发人员，让他们的后端系统更加健壮和可扩展。

内容介绍

本书共分 10 章，各章内容如下。

❑ 第 1 章 "并发——高级概述"，详细阐述 "并发" 是什么以及不是什么，特别是它与并行的关系。本章还介绍共享内存和消息传递范式，以及常见的并发概念，如竞争、原子性、死锁和饥饿等。

❑ 第 2 章 "Go 并发原语"，介绍用于并发编程的 Go 语言原语，包括 goroutine、通道、互斥体、等待组和条件变量等。

❑ 第 3 章 "Go 内存模型"，详细探讨内存操作的可见性保证，介绍 happened-before 关系，这允许你推理并发行为。本章还讨论并发原语和一些标准库函数的内存可见性保证。

❑ 第 4 章 "一些众所周知的并发问题"，研究著名的生产者/消费者问题、哲学家就餐问题和速率限制算法。

❑ 第 5 章 "工作池和管道"，详细介绍工作池的机制，这是在有限并发下处理大量数据的常用方法。本章还演示多种并发数据管道实现，以帮助你编写高效的数据处理应用程序。

❑ 第 6 章 "错误和恐慌处理"，深入探讨如何处理并发程序中的错误和恐慌，以及如何传递错误。

❑ 第 7 章 "Timer 和 Ticker"，介绍一次性定时器 Timer 和周期性定时器 Ticker。Timer 用于稍后运行一些东西，而 Ticker 则可用于定期运行一些东西。

❑ 第 8 章 "并发处理请求"，主要讨论服务器编程。本章讨论的许多概念涉及处理多种请求，因此它们可以广泛应用于各种场景。本章描述如何有效地使用上下文、如何分配工作和收集结果、如何限制并发以及如何流传输数据。

❑ 第 9 章 "原子内存操作"，详细阐释原子内存操作和它们的内存保证，并演示原子的一些实际用途。

❑ 第 10 章 "解决并发问题"，讨论读取堆栈跟踪信息这一被低估但必不可少的技能，以及如何在运行时检测故障并修复它们。

充分利用本书

你需要对 Go 语言以及适合你的操作系统运行的 Go 开发环境有基本的了解。本书不依赖任何第三方工具或库，你只需使用你最熟悉的代码编辑器即可。所有示例和代码示例都可以使用 Go 构建系统进行构建和运行。

下载示例代码文件

本书的代码包已经托管在 GitHub 上，其网址如下：

https://github.com/PacktPublishing/Effective-Concurrency-in-Go

代码如果有更新，则会在现有 GitHub 存储库上被更新。

下载彩色图像

我们还提供了一个 PDF 文件，其中包含本书中使用的屏幕截图/图表的彩色图像。你可以访问以下网址下载该文件：

https://packt.link/3rxJ9

本书约定

本书中使用了许多文本约定。

（1）代码格式文本：表示文本中的代码字、数据库表名、文件夹名、文件名、文件扩展名、路径名、虚拟 URL、用户输入和 Twitter 句柄等。以下段落就是一个示例：

本章源代码可在本书配套的 GitHub 存储库中找到，其网址如下：

https://github.com/PacktPublishing/Effective-Concurrency-in-Go/tree/main/chapter4

（2）有关代码块的设置如下所示：

```
1: chn := make(chan bool)      // 创建一个无缓冲通道
2: go func() {
3:      chn <- true             // 发送到通道
4: }()
5: go func() {
6:      var y bool
7:      y <-chn                 // 从通道接收
8:      fmt.Println(y)
9: }()
```

（3）任何命令行输入或输出都是采用如下形式编写的：

```
{"row":65,"height":172.72,"weight":97.61}
{"row":64,"height":195.58,"weight":81.266}
{"row":66,"height":142.24,"weight":101.242}
{"row":68,"height":152.4,"weight":80.358}
{"row":67,"height":162.56,"weight":104.87400000000001}
```

（4）术语或重要单词采用中英文对照形式给出，括号内保留其英文原文，方便读者进行对照和查看。示例如下：

多年来，人们已经开发出了若干种数学模型来分析和验证并发系统的行为。通信顺序进程（communicating sequential processes，CSP）就是影响 Go 语言设计的模型之一。在 CSP 中，系统由多个并行运行的顺序进程组成。

（5）本书还使用了以下两个图标。

☑ 表示警告或重要的注意事项。

☀ 表示提示信息或操作技巧。

关 于 作 者

    Burak Serdar 是一位软件工程师，在设计和开发可扩展的分布式企业应用程序方面拥有 30 多年的经验。他曾在多家初创公司和大型公司（包括 Thomson 和 Red Hat）担任工程师和技术主管。他是 Cloud Privacy Labs 的联合创始人之一，致力于中心式和去中心化系统的语义互操作性和隐私技术。Burak 拥有电气和电子工程学士学位和硕士学位，以及计算机科学硕士学位。

关于审稿人

Tan Quach 是一位经验丰富的软件工程师，在伦敦、加拿大、百慕大和西班牙等异国他乡拥有超过 25 年的职业生涯。他曾在德意志银行、美林证券和 Progress Software 等公司使用过多种语言和技术，并且喜欢深入尝试新语言和技术。

Tan 首次涉足 Go 语言领域是在 2017 年，当时他在一个周末即构建了一个概念验证应用程序，并在三周后投入生产并发布。从那时起，Go 语言就成为他启动任何项目时的首选语言。

当 Tan 可以离开键盘时，他的爱好是烹饪。

目　　录

第1章 并发——高级概述

对于许多不处理并发程序的人（甚至也包括一些需要处理并发程序的人）来说，并发（concurrency）与并行（parallelism）就是一回事。在日常口语中，人们通常对它们不加以区分，但计算机科学家和软件工程师之所以如此重视并发和并行的区别，是有一些明显原因的。本章介绍什么是并发（以及什么不是并发），并阐释并发的一些基本概念。

本章将讨论以下主题：

❑ 并发和并行
❑ 共享内存与消息传递
❑ 原子性、竞争、死锁和饥饿
❑ 程序的属性

在阅读完本章之后，你将对并发和并行、并发编程基础模型以及并发的一些基本概念有一个较高层次的理解。

1.1 技 术 要 求

本章需要你对 Go 语言有一定的了解。一些示例将使用 goroutine、通道和互斥体。

1.2 并发和并行

曾经有一段时间，并发和并行在计算机科学中意味着一回事，但那个时代现在已经一去不复返了。许多人会告诉你并发不是什么："并发不是并行"，但是当谈到并发是什么时，只有一个简单的定义通常会令人费解。并发的不同定义给出了该概念的不同方面，因为并发并不是现实世界的运作方式。现实世界是并行的。我将尝试总结一些并发背后的核心思想，希望你能够充分理解它的抽象本质，以便能够应用它来解决实际问题。

我们周围的许多事物都是同时独立运作的。你周围可能有人只管自扫门前雪，有时他们也会与你以及彼此之间进行互动。所有这些事情都是并行（parallel）发生的，因此并行性是思考多个独立事物之间相互作用的自然方式。

你如果观察某个人在一群人中的行为，就会发现事情是更加有顺序的（sequential）：

这个人在做完一件事之后再做另一件事，并且可能与群体中的其他人进行互动，所有这些都是按顺序进行的。这非常类似于分布式系统中多个程序之间的交互，或多线程程序中一个程序的多个线程之间的交互。

在计算机科学中，人们普遍认为并发性的研究始于 Edsger Dijkstra 的工作，特别是他于 1965 年发表的题为《并发编程控制问题的解决方案》（*Solution of a Problem in Concurrent Programming Control*）的仅有一页纸的论文。这篇论文讨论了一个涉及 N 台计算机共享内存的互斥问题。这是一个非常巧妙的描述，强调了并发和并行之间的区别：它谈到了"并发编程"（concurrent programming）和"并行执行"（parallel execution）。并发与程序的编写方式有关，而并行则与程序的运行方式有关。

尽管这在当时主要是一项学术活动，但并发领域多年来不断发展，并延伸到许多不同但相关的分支主题，包括硬件设计、分布式系统、嵌入式系统、数据库和云计算等。由于硬件技术的进步，它现在已成为每个软件工程师必备的核心技能之一。

如今，多核处理器已成为常态，它们本质上是封装在单个芯片上的多个处理器，通常共享内存。这些多核处理器用于为基于云的应用程序提供支持的数据中心，在这些应用程序中，某人可以在几分钟内配置通过网络连接的数百台计算机，让它们为应用程序工作，并在工作负载完成后销毁应用程序进程。

相同的并发原则也适用于在分布式系统的多台机器上运行的应用程序，在笔记本计算机的多核处理器上运行的应用程序，以及在单核系统上运行的应用程序。因此，任何严肃认真的软件开发人员都必须了解这些原则，才能开发出正确、安全且可扩展的程序。

多年来，人们已经开发出了若干种数学模型来分析和验证并发系统的行为。通信顺序进程（communicating sequential processes，CSP）就是影响 Go 设计的模型之一。在 CSP 中，系统由多个并行运行的顺序进程组成。这些进程可以同步地相互进行通信，这意味着向另一个系统发送消息的系统只有在另一个系统收到该消息后才能继续运行（这也正是 Go 中无缓冲通道的行为方式）。

此类正式框架的验证方面是最有趣的，因为它们是为了证明复杂系统的某些属性而开发的。这些属性可以是诸如"系统会死锁吗"之类的东西，因为这可能会对关键任务系统产生危及生命的影响。你肯定不希望自动驾驶（auto-pilot）软件在飞行途中停止工作。大多数验证活动都可归结为证明与程序状态有关的属性，而要证明关于并发系统的属性是非常困难的，其原因在于：当多个系统一起运行时，复合系统的可能状态呈指数级增长。

顺序系统的状态（state）将捕获系统在某个时间点的历史记录。对于顺序程序，状态可以被定义为内存中的值以及该程序的当前执行位置。考虑到这两个状态，你就可以确定下一个状态将会是什么。当程序执行时，它会修改变量的值并前进到执行位置，以便程序改变其状态。为了说明这个概念，请看下面用伪代码编写的简单程序：

```
1: increment x
2: if x<3 goto 1
3: terminate
```

该程序以 loc=1 和 x=0 开始。当执行位置（location，loc）1 处的语句时，x 变为 1，位置变为 2。当执行位置 2 处的语句时，x 保持不变，但位置又回到 1。如此继续下去，每次执行位置 1 处的语句时，x 都会递增，直至 x 值达到 3。一旦 x 为 3，程序就会终止。图 1.1 中的序列显示了该程序的状态。

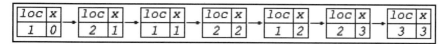

图 1.1　程序状态序列

当多个进程并行运行时，整个系统的状态是其组件状态的组合。例如，如果该程序有两个实例正在运行，则 x 变量就有两个实例，分别是 x_1 和 x_2，以及两个位置 loc_1 和 loc_2，指向要运行的下一行。在每个状态下，可能的下一个状态分支基于系统的哪个副本首先运行。图 1.2 说明了该系统的一些状态。

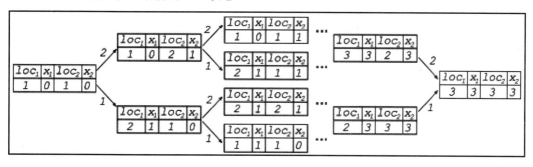

图 1.2　并行程序的状态

在图 1.2 中，箭头标有该步骤中运行的进程的索引。复合程序的特定运行是该图中的路径之一。关于这些图，我们可以观察到以下几点：

- ❑　每个顺序进程都有 7 个不同的状态。
- ❑　每个顺序进程在每次运行时都会经历相同的状态序列，但程序的两个实例的状态在每条路径上以不同的方式交错。
- ❑　在一次特定的运行中，复合系统可以经历 14 个不同的状态。也就是说，复合状态图中从起始状态到结束状态的任意路径的长度为 14（每个进程必须经过 7 个不同的状态，形成 14 个不同的复合状态）。

- ❏　复合系统的每次运行都可以经过可能的路径之一。
- ❏　复合系统中有 128 个不同的状态（对于系统 1 的每个状态，系统 2 可以处于 7 个不同的状态，因此 $2^7 = 128$）。
- ❏　无论走哪条路，最终的状态都是一样的。

一般来说，对于具有 n 个状态的系统，并行运行的该系统的 m 个副本将具有 n^m 个不同的状态。

这就是分析并发程序如此困难的原因之一：并发程序的独立组件可以按任何顺序运行，这使得状态分析几乎不可能。

现在是时候介绍并发的定义了：

"并发是程序的不同部分以无序或部分顺序执行而不影响结果的能力。"

这是一个有趣的定义，对于那些刚接触并发领域的人来说更是如此。它不是谈论"同时做多件事"，而是谈论"无序"执行算法。

"同时做多件事"这个短语定义的是并行性。并发则与程序的编写方式有关，因此根据 Go 语言的创建者之一 Rob Pike 的说法，并发与"同时处理多件事"有关。

现在来谈谈事情的"顺序"。

在数学中，存在"全序关系"（total order），例如整数的小于关系。给定任意两个整数，你可以使用小于关系来比较它们。

对于顺序程序，我们可以定义一种先发生（happened-before）的关系，这是一种全序关系，即：对于顺序过程中发生的任何两个不同的事件，可以确认一个事件发生在另一个事件之前。

如果两个事件发生在不同的进程中，那么该如何定义这种 happened-before 关系呢？

全局同步时钟可用于对隔离进程中发生的事件进行排序。但是，在典型的分布式系统中通常不存在这种具有足够精度的时钟。

另一种可能的做法是引入进程之间的因果关系：如果某个进程在收到消息时会向另一个进程发送消息，则在该进程发送消息之前发生的任何事件都将发生在第二个进程收到消息之前，如图 1.3 所示。

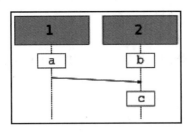

图 1.3　事件 a 和事件 b 发生在事件 c 之前

在图 1.3 中，事件 a 发生在事件 c 之前，事件 b 也发生在事件 c 之前，但是关于事件 a 和事件 b 的先后顺序则不好说。事件 a 和事件 b 是"同时"发生的。在并发程序中，并非每对事件都具有可比性，因此其 happened-before 关系是偏序关系（partial order）。

让我们来重温著名的"哲学家就餐问题"，以探讨并发、并行和乱序执行的思想。这首先由 Dijkstra 提出，但后来由 C.A.R. Hoare 形成最终形式。该问题的定义如下：

如图 1.4 所示，五位哲学家在同一张圆桌上一起用餐。有五个盘子，每位哲学家面前一个，每个盘子之间有一把叉子，总共五把叉子。他们吃的菜肴要求他们使用两把叉子，一把在他们的左边，另一把在他们的右边。每位哲学家都会思考一段随机的时间，然后吃一会儿。为了进餐，哲学家必须获得两把叉子，一把在哲学家盘子的左边，一把在哲学家盘子的右边。

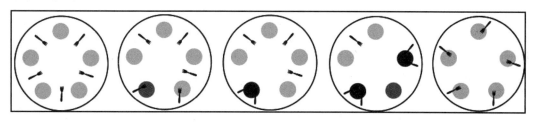

图 1.4　哲学家就餐问题，一些可能的状态

我们的目标是设计一个并发框架，让哲学家们吃饱喝足，同时允许他们思考。在后面的章节中，我们还会回过头来详细讨论这个问题，目前我们感兴趣的是可能的状态，其中一些状态如图 1.4 所示。从左到右，第一幅图显示了所有哲学家都在思考。第二幅图显示了有两位哲学家拿起了左侧的叉子，因此其中一位哲学家正在等待另一位哲学家吃完。第三幅图显示了其中一位哲学家正在进餐而其他哲学家正在思考的状态，正在进餐的哲学家旁边的哲学家正在等待轮到他们使用叉子。第四幅图显示了两位哲学家同时进餐的状态，你可以看到，这是可以同时进餐的哲学家的最大数量，因为没有足够的资源（叉子）供再多一位哲学家进餐。最后一幅图显示了每位哲学家都有一把叉子的状态，因此他们都在等待获得第二把叉子来进餐，只有至少一位哲学家愿意放弃并将叉子放回桌子上以便另一位哲学家可以拿起它，这种僵持的情况才能得到解决。

现在让我们稍微改变问题的设置。不再是五位哲学家坐在桌子旁，而是假设有一位哲学家，她在思考时更喜欢走路，而不是坐在桌旁。当她饿了的时候，她会随机选择一个盘子，将附近的叉子一把又一把依次放在那个盘子上，然后开始进餐。吃完后，她将叉子一件一件地放回桌子上，然后绕着桌子走动，继续思考。当然，她可能会在这个过程中分心并随时站起来，而忘记将一把或两把叉子放回桌子上。

当哲学家选择一个盘子时，可能会出现以下情况之一：

- ❑ 两把叉子都在桌子上。然后，她拿起它们并开始进餐。
- ❑ 其中一把叉子在桌子上，另一把叉子在旁边的盘子上。她意识到自己无法用一把叉子进餐，于是起身选择了另一个盘子。她可能会也可能不会把叉子放回桌子上。
- ❑ 其中一把叉子在桌子上，另一把叉子在选定的盘子上。于是她拿起第二把叉子开始进餐。
- ❑ 桌子上没有叉子，因为它们都在相邻的盘子上。她意识到没有叉子就无法进餐，于是她起身选择了另一个盘子。
- ❑ 两个叉子都在选定的盘子上。她开始进餐。

尽管修改后的问题只有一位哲学家，但修改后的问题的可能状态与原始问题的状态相同。图 1.4 中描绘的五种状态仍然是修改后的问题的一些可能状态。最初的问题有五个处理器（哲学家）使用共享资源（叉子）执行计算（进餐和思考），这说明了并发程序的并行执行。在修改后的程序中，只有一个处理器（哲学家）使用共享资源执行相同的计算，通过划分她的时间（分时）来履行缺失的哲学家的角色。底层算法（哲学家的行为）是相同的。所以说：

并发编程（concurrent programming，CP）是将问题组织成可以使用分时运行或可以并行运行的计算单元。

从这个意义上说，并发是一种类似于面向对象编程（object-oriented programming，OOP）或函数式编程（functional programming，FP）的编程模型。
- ❑ 面向对象编程将问题划分为逻辑上相关且彼此交互的结构组件。
- ❑ 函数式编程将问题划分为可相互调用的函数组件。
- ❑ 并发编程将问题划分为多个时间组件，这些组件相互发送消息，并且可以交错或并行运行。

分时（time-sharing）意味着与多个用户或进程共享计算资源。在并发编程中，共享的资源是处理器本身。当程序创建多个执行线程时，处理器会运行一个线程一段时间，然后切换到另一个线程，以此类推。这被称为上下文切换（context-switching）。

执行线程的上下文包含该线程停止时的堆栈和处理器寄存器的状态。这样，处理器可以快速地从一个堆栈切换到另一个堆栈，并在每次切换时保存和恢复处理器的状态。

处理器执行该切换的代码中的确切位置取决于底层实现。在抢占式线程（preemptive threading）中，正在运行的线程可以在该线程执行期间随时停止。

在非抢占式线程（non-preemptive threading）或协作线程（cooperative threading）中，正在运行的线程将通过执行阻塞操作、系统调用或其他操作来自愿放弃执行。

有很长一段时间（直到 Go 版本 1.14），Go 运行时使用协作调度程序。这意味着在下面的程序中，一旦第一个 goroutine 开始运行，就无法停止它。如果你使用低于 1.14 的 Go 版本构建此程序并使用单个操作系统线程多次运行它，则某些运行将输出 Hello，而另一些则不会。这是因为，第一个 goroutine 如果在第二个 goroutine 之前开始工作，那么将永远不会让第二个 goroutine 运行：

```go
func main() {
    ch:=make(chan bool)
    go func() {
        for {}
    }()
    go func() {
        fmt.Println("hello")
    }()
    <-ch
}
```

对于最新的 Go 版本来说，这种情况已不再如此。现在，Go 运行时使用抢占式调度程序，这种程序可以运行其他 goroutine，即使其中一个 goroutine 试图消耗所有处理器周期。

作为并发系统的开发人员，你必须了解线程/goroutine 是如何调度的。这种理解是确定并发系统可能的行为方式的关键。在较高层次上，线程/goroutine 可以处于的状态可使用图 1.5 中的状态显示。

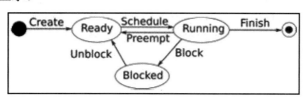

图 1.5 线程状态示意图

原　　文	译　　文	原　　文	译　　文
Create	创建	Finish	完成
Ready	就绪	Unblock	取消阻塞
Schedule	调度	Block	阻塞
Preempt	抢占	Blocked	已阻塞
Running	正在运行		

当线程被创建时，它就处于就绪（Ready）状态。当调度程序将其分配给处理器时，它会转为正在运行（Running）状态并开始运行。正在运行的线程可以被抢占并移回就绪

状态。当线程执行输入/输出（input/output，I/O）操作或阻塞等待锁或通道操作时，它会转入已阻塞（Blocked）状态。当 I/O 操作完成，锁被解锁，或者通道操作完成时，线程回到就绪状态，等待被调度。

这里你应该注意的第一件事是，在已阻塞状态下等待某些事情发生的线程在解除阻塞时可能不会立即开始运行。这个事实在设计和分析并发程序时通常被忽视。这对你的 Go 程序意味着什么呢？

这意味着解锁互斥体并不意味着等待该互斥体的 goroutine 之一将立即开始运行。

类似地，写入通道并不意味着接收 goroutine 将立即开始运行。它们将准备就绪以便运行，但可能不会立即安排。

你将看到该线程状态示意图的不同变体。每种操作系统和每种语言运行时都有不同的方法来调度其执行线程。例如，某个线程系统可以区分被 I/O 操作阻塞和被互斥斥阻塞。图 1.5 只是几乎所有线程实现共享的高级描述。

1.3　共享内存与消息传递

你如果使用 Go 进行开发已经有一段时间了，那么可能听说过这样一句话："不要通过共享内存进行通信。相反，可以通过通信来共享内存。"在程序的并发块之间共享内存为难以察觉和诊断的错误创造了巨大的机会。这些问题是随机出现的，通常是在受控测试环境中无法模拟的负载下出现的，并且它们很难或不可能重现。无法重现的东西无法进行测试，因此发现此类问题通常需要运气。一旦被发现，它们通常只需很小的更改就很容易修复，这更是让此类问题非常难缠。

Go 同时支持共享内存和消息传递模型，因此我们将花一些时间来仔细研究共享内存和消息传递的范式。

1.3.1　共享内存

在共享内存系统中，可以有多个处理器或具有多个执行线程的核心，它们使用相同的内存。在统一内存访问（uniform memory access，UMA）系统中，所有处理器都具有同等的内存访问权限。这会降低吞吐量，因为同一内存访问总线由多个处理器共享。

在非统一内存访问（non-uniform memory access，NUMA）系统中，处理器可以有某些内存块的专用访问权限。在这样的系统中，操作系统可以将处理器中运行的进程的内存分配给该处理器专用的内存区域，从而增加内存吞吐量。

几乎所有系统都会使用更快的高速缓存来提高内存访问时间,它们使用缓存一致性协议(coherence protocol)来确保进程不会从主内中存读取过时的值(即在高速缓存中已更新但尚未写入主内存的值)。

在单个程序中,共享内存仅仅意味着多个执行线程访问内存的同一部分。在大多数情况下,使用共享内存编写程序是很自然的。

在大多数现代语言(如 Go)中,执行线程可以不受限制地访问整个进程的内存空间。因此,线程可以访问的任何变量都可以被该线程读取和修改。如果没有编译器或硬件优化,这应该是没问题的。但是,在具体执行程序时,现代处理器通常不会等待内存读取或内存写入操作完成。它们在管道中执行指令。因此,当某一条指令正在等待读/写操作完成时,处理器即开始运行程序的下一条指令。如果第二条指令在第一条指令之前完成,则该指令的结果可能会以错误的顺序被写入内存中。

让我们来看一个非常简单的程序示例:

```
var locked,y int
func f() {
    locked=1
    y=2
    ...
}
```

在这个程序中,假设 f()函数以 locked 和 y 被初始化为 0 开始。然后,locked 被设置为 1,大概是为了实现某种锁定方案,然后 y 被设置为 2。我们如果取得此时的内存快照,则可能会看到以下内容之一。

❑ locked=0, y=0:处理器运行了赋值操作,但更新尚未被写入内存。

❑ locked=0, y=2:y 变量已在内存中被更新,但 locked 在内存中尚未被更新。

❑ locked=1, y=0:locked 变量已被更新并写入内存中,但 y 变量可能已被更新,也可能尚未被更新。

❑ locked=1, y=2:两个变量都被更新,并且更新被写入内存中。

指令重新排序不仅限于处理器。编译器还可以移动语句,而不会影响顺序程序中的计算结果。这通常是在编译的优化阶段完成的。在前面的程序示例中,没有什么可以阻止编译器颠倒两个赋值的顺序。根据代码的其余部分,编译器可能会决定在 y=2 之后执行 locked=1 更好。

简而言之,如果没有额外的机制,则无法保证一个线程能够看到其他线程修改的变量的正确值。

为了使共享内存应用程序正常工作,我们需要一种方法来告诉编译器和处理器将所有更改提交到内存中。用于此目的的低级设施是内存屏障（memory barrier）。

　　内存屏障是一种对处理器和编译器强制执行某种排序约束的指令。在内存屏障之后，在屏障之前发出的所有操作都保证在屏障之后的操作之前完成。在前面的程序示例中，赋值给 y 之后的内存屏障可确保快照 locked=1 且 y=2。因此，内存屏障是使共享内存应用程序正确运行所需的一个关键的低级功能。

　　你可能想知道，这对我有什么用？当你处理使用共享内存的并发程序时，只有在内存屏障之后，才能保证在一个块中执行的操作的效果对其他并发块可见。这常见于 Go 中的某些操作：原子读/写（sync/atomic 包中的函数）和通道读/写。其他同步操作（互斥体、等待组和条件变量）使用原子读/写和通道操作，因此也包括内存屏障。

📝 **注意：**

　　这里有必要对并发程序的调试做一个简要说明。调试并发程序的一种常见做法是在发生某些意外行为时，在代码的关键点输出一些变量的值，以获取有关程序状态的信息。这种做法通常可以防止上面所说的意外行为，因为将某些内容输出到控制台上或将日志消息写入文件中通常涉及互斥和原子操作。因此，在关闭日志记录的情况下，在生产环境中出现错误比在有大量日志记录的开发过程中出现错误更为常见。

1.3.2　消息传递

　　现在来简单介绍消息传递模型。对于许多语言来说，并发性是一个附加功性，库定义了创建和管理并发执行块（线程）的函数。Go 采用了不同的方法，将并发性作为该语言的核心特性。

　　Go 的并发特性受到 CSP 的启发，其中多个隔离进程可通过发送/接收消息进行通信。这也是 UNIX/Linux 系统长期以来的基本进程模型。

　　UNIX 的座右铭是"让每个程序做好一件事"，然后组合这些程序，以便它们可以完成更复杂的任务。大多数传统的 UNIX/Linux 程序都是从终端读取/写入终端的，这样它们就可以通过管道的形式一个接一个地连接起来，其中每个程序通过进程间通信（interprocess communication，IPC）机制使用前一个程序的输出作为输入。该系统也类似于具有多个互连计算机的分布式系统。每台计算机都有专用的内存，用于执行计算、将结果发送到网络上的其他计算机以及从其他计算机接收结果。

　　消息传递是在分布式系统中建立 happened-before 关系的核心思想之一。当一个系统从另一个系统接收消息时，即可确保发送方系统在发送该消息之前发生的任何事件都发生在接收方系统收到该消息之前。如果没有此类因果作为参考，则通常无法识别分布式系统中已发生事件的先后关系。

同样的思想也适用于并发系统。在消息传递系统中，可以使用消息建立 happened-before 关系，而在共享内存系统中，这种 happened-before 关系是使用锁建立的。

两种模型都可用存在一些优点——例如，许多算法在共享内存系统上更容易实现，而消息传递系统则不受某些类型的数据竞争的影响。两种模型都可用也存在一些缺点——例如，在混合模型中，很容易无意中共享内存，从而产生数据竞争。

防止这种无意共享的一个常见方法是注意数据所有权：当你通过通道将数据对象发送到另一个 goroutine 时，该数据对象的所有权将转移到接收方 goroutine，并且发送方 goroutine 不得在未确保互斥的情况下再次访问该数据对象。只不过，有时这很难实现。

例如，尽管下面的代码片段使用通道在线程之间进行通信，但通过通道发送的对象是一个映射，它是一个指向复杂数据结构的指针。在通道发送操作后继续使用相同的映射可能会导致数据损坏和恐慌（panic）：

```
// 计算某些结果
data:=computeData()
m:=make(map[string]Data)
// 将结果放入映射中
m["result"]=data
// 将该映射发送到其他 goroutine
c<-m
// 在这里，m 是在该 goroutine 和其他 goroutine 之间共享的
```

1.4　原子性、竞争、死锁和饥饿

要成功编写和分析并发程序，你必须了解一些关键概念：原子性、竞争、死锁和饥饿。

❑　原子性（atomicity）是一种必须仔细利用才能安全、正确操作的属性。

❑　竞争（race）是与并发系统中的事件时间相关的自然状况，并且可能会产生不可重现的细微错误。

❑　死锁（deadlock）是你必须不惜一切代价避免发生的状况。

❑　饥饿（starvation）通常与调度算法有关，但也可能是由程序中的错误引起的。

1.4.1　竞争

竞争条件（race condition），也称为竞态条件，是程序的结果取决于并发执行的顺序或时间的状况。当至少有一个结果不可取时，竞争条件就是一个 bug。

考虑以下代表银行账户的数据类型：

```
type Account struct {
    Balance int
}

func (acct *Account) Withdraw(amt int) error {
    if acct.Balance < amt {
        return ErrInsufficient
    }
    acct.Balance -= amt
    return nil
}
```

该 Account 类型有一个 Withdraw 方法，该方法检查余额以查看是否有足够的资金用于提款，然后会因为错误而提款失败或者提款成功减少余额。现在，让我们从两个goroutine 中调用这个方法：

```
acct:=Account{Balance:10}
go func() {acct.Withdraw(6)}() // goroutine 1
go func() {acct.Withdraw(5)}() // goroutine 2
```

逻辑不应允许账户余额低于零。其中一个 goroutine 应该成功运行，而另一个 goroutine 则应该因为资金不足而失败。根据哪个 goroutine 首先运行，该账户的最终余额应该是 5 或 4。但是，这些 goroutine 可能会交错，从而导致许多可能的运行，其中一些如下所示：

可能的运行 1

acct.Balance=10

goroutine 1（amt = 6）	goroutine 2（amt=5）	acct.Balance
if acct.Balance < amt		10
	if acct.Balance < amt	10
	acct.Balance -= amt	5
acct.Balance -= amt		-1

可能的运行 2

acct.Balance=10

goroutine 1（amt = 6）	goroutine 2（amt=5）	acct.Balance
	if acct.Balance < amt	10
if acct.Balance < amt		10
acct.Balance -= amt		4
	acct.Balance -= amt	-1

可能的运行 3		
acct.Balance=10		
goroutine 1（amt = 6）	goroutine 2（amt=5）	acct.Balance
	`if acct.Balance < amt`	10
	`acct.Balance -= amt`	5
`if acct.Balance < amt`		5
`return ErrInsufficient`		5

可能的运行 4		
acct.Balance=10		
goroutine 1（amt = 6）	goroutine 2（amt=5）	acct.Balance
`if acct.Balance < amt`		10
`acct.Balance -= amt`		4
	`if acct.Balance < amt`	4
	`return ErrInsufficient`	4

可能的运行 1 和 2 会使账户余额出现负值，当然单线程程序的逻辑会阻止这种情况。

可能的运行 3 和 4 也是竞争条件，但它们将使系统处于一致状态。两个 goroutine 竞争资金：其中一个取款成功，而另一个则失败。这使得竞争条件很难诊断：它们很少发生，并且不可重现，即使检测到它们的条件被复制也是如此。

这里显示的竞争条件也是数据竞争（data race），也称为数据争用。数据竞争是一种特殊类型的竞争条件，会在以下情况下发生：

❑ 两个或多个线程正在访问同一内存位置。

❑ 至少有一个线程写入该位置。

❑ 没有同步或锁来协调两个线程之间的操作顺序。

1.4.2 原子性

请注意，在上面可能的运行 3 和运行 4 中，该函数首先在一个 goroutine 中完整运行，然后在另一个 goroutine 中完整运行。因此，Withdraw 是以原子方式运行的。原子操作（atomic operation）包含一系列子操作，其中子操作要么不发生，要么全部发生。

现在让我们考虑一个更现实的场景：一个 goroutine 的顺序操作的效果对于另一个 goroutine 来说可能看起来是无序的。以下是可能的运行：

可能的运行 5			
acct.Balance=10			
goroutine 1（amt = 6）	acct.Balance	goroutine 2（amt=5）	acct.Balance
	10	if acct.Balance < amt	10
	10	acct.Balance -= n	5
if acct.Balance < n	10		5
acct.Balance -= n	4		4

在可能的运行 5 中，编译器和处理器为每个 goroutine 提供一致的内存顺序视图，这对于所有 goroutine 可能并不相同。在上面的例子中，goroutine 2 的内存写入操作（acct.Balance -= n）被延迟，导致 goroutine 1 判断资金充足。最终，goroutine 2 观察到 goroutine 1 所做的更新被写入内存，而 goroutine 2 所做的更新却丢失了。

在任何共享内存程序中，多个执行线程可以同时访问同一对象，这样的数据竞争都是可能的。如果更改共享对象内容的操作是原子执行的，那么它们看起来是瞬时的。实现原子性的方法之一是使用临界区（critical section）。

临界区是程序中受保护的部分，其中只有一个进程或线程可以对共享资源进行修改。当只有一个线程被允许进入临界区中时，即满足互斥（mutual exclusion）属性，并且在临界区中执行的操作是原子的。

这里我们需要强调的一个要点是，临界区是为特定的共享资源定义的。如果多个进程不共享一个资源，则它们可以处于它们的临界区中并满足互斥属性。

sync.Mutex 可用于互斥：

```go
type Account struct {
    sync.Mutex
    ID string
    Balance int
}

func (acct *Account) Withdraw(amt int) error {
    acct.Lock()
    defer acct.Unlock()
    if acct.Balance < amt {
        return ErrInsufficientFunds
    }
    acct.Balance -= amt
    return nil
}
```

让我们来分析该程序是如何工作的：其中一个 goroutine 到达 acct.Lock()，尝试锁定该互斥体，并成功。如果有任何 goroutine 到达同一点，那么它们锁定互斥体的尝试将被阻止，直到第一个 goroutine 解锁它。

第一个 goroutine 现在已成功进入临界区，完成了其功能并解锁了互斥体。解锁操作使得所有其他正在等待它的 goroutine 都被解锁。

其中一个正在等待的 goroutine 被随机选中，然后它将锁定该互斥体并轮到它运行临界区。由于该互斥体实现包含内存屏障，因此所有由第一个 goroutine 执行的修改，对于第二个 goroutine 来说都是可见的。

这里需要注意的重要一点是共享 acct.Mutex 的使用。当共享互斥体锁定时，只有对 acct.Balance 的所有访问都完成，才能保证原子性。

第二个线程将第一个线程调用 Withdraw()的效果视为瞬时执行，因为第二个线程在等待第一个线程时被阻塞。

你可能已经注意到，使用读取-决定-更新（read-decide-update）方案的所有并发操作都容易出现竞争条件，除非读取-决定-更新块位于临界区中。例如，如果你正在使用某个数据库，则读取某个对象然后使用另一个数据库调用更新它就会出现竞争条件。这是因为，在读取对象后，另一个进程可能会在我们将它写回之前更改它。

如果你正在处理文件系统，那么通过首先检查该文件是否存在，发现不存在之后再来创建该文件也是一种竞争条件，因为另一个进程可能会在你检查文件是否存在之后但在创建文件之前创建该文件，导致你覆盖了现有文件。

如果你正在使用内存中的变量，则在某个线程读取该变量后，另一个线程可能会修改该变量，导致该线程覆盖潜在的更改。

大多数系统都有一种定义临界区的方法。数据库有事务管理系统，可保证原子性和互斥性；共享内存系统则具有互斥体。

1.4.3　死锁

当多个共享对象需要交互时，互斥体的使用会变得复杂起来。假设我们有两个账户，我们想编写一个函数将钱从一个账户转移到另一个账户。该操作必须是原子的，以确保系统中的货币总量一致。以下是我们的第一次尝试：

```
func Transfer(from, to *Account, amt int) error {
    from.Lock()
    defer from.Unlock()
    to.Lock()
    defer to.Unlock()
```

```
    if from.Balance < amt {
        return ErrInsufficient
    }
    from.Balance -= amt
    to.Balance += amt
}
```

和以前一样，我们从两个 goroutine 中调用这个函数：

```
acct1 := Account{Balance: 10}
acct2 := Account{Balance: 15}
go func() { Transfer(acct1, acct2, 5) }()
go func() { Transfer(acct2, acct1, 10) }()
```

以下是该函数可能的执行情况：

可能的运行 1	
goroutine 1（从 acct1 到 acct2）	goroutine 2（从 acct2 到 acct1）
acct1.Lock()	
	acct2.Lock()
acct2.Lock() // 已阻塞	
	acct1.Lock() // 已阻塞

在锁定 acct1 后，goroutine 1 尝试锁定 acct2，而 acct2 之前已被 goroutine 2 锁定，goroutine 1 因此被阻塞。

当然，goroutine 2 尝试锁定 acct1，但 acct1 同样被 goroutine 1 锁定，因此导致 goroutine 2 也被阻塞。

这就是一个死锁。死锁是指一组对象的每个成员都在等待同一组中的对象释放锁的情况。发生死锁有 4 个充分和必要条件——这些也被称为科夫曼条件（Coffman condition）：

（1）至少有一个成员必须独占一项资源。

（2）至少有一个成员必须等待另一个成员持有的资源，同时独占另一个成员需要的资源。

（3）只有持有资源的成员才能释放该资源。

（4）有一组成员 P_1，P_2，…，P_n，其中，P_1 正在等待 P_2 持有的资源，P_2 正在等待 P_3 持有的资源，如此持续直至 P_n，而 P_n 又正在等待 P_1 持有的资源，形成循环等待。

算法的资源要求通常不可能改变：这样的转账功能需要锁定两个账户。因此，解决此死锁问题的方法之一是删除上述条件（4）：循环等待。

上述示例中，goroutine 1 正在等待 goroutine 2 持有的锁，而 goroutine 2 又正在等待

goroutine 1 持有的锁。解决这个问题的一个简单方法是，每当必须锁定多个对象时，就强制执行一致的锁顺序。

Account 对象有一个唯一的标识符，因此我们可以通过标识符来锁定账户：

```
func Transfer(from, to *Account, amt int) error {
    if from.ID < to.ID {
        from.Lock()
        defer from.Lock()
        to.Lock()
        defer to.Lock()
    } else {
        to.Lock()
        defer to.Lock()
        from.Lock()
        defer from.Lock()
    }
...
}
```

这并不总是那么容易，特别是当算法涉及对象的条件锁定时。对多个资源强制执行一致的锁定顺序通常可以防止许多死锁，但并不是全部死锁。

附带说明一下，Go 运行时使用术语"死锁"时更宽松一些。如果运行时检测到所有 goroutine 都被阻塞，则称其为死锁。调度程序很容易检测到这一点：它知道所有 goroutine 以及哪些 goroutine 处于活动状态，因此可以调度它们。如果没有可调度的 goroutine，那么它就会恐慌。例如，死锁的 4 个条件都不适用于以下程序，但 Go 运行时将其称为死锁：

```
func main() {
    c := make(chan bool)
    <-c
}
```

Go 运行时不会检测在 goroutine 的适当子集中发生的死锁。如果某些 goroutine 在循环等待中陷入死锁，而其他 goroutine 仍在运行，就会出现这种情况。死锁的 goroutine 将继续等待，直到程序结束。对于服务器等长时间运行的程序来说，这可能是一个很致命的问题。

1.4.4 饥饿

饥饿是指进程长时间或无限期地被拒绝访问资源的情况。这通常是由于简单或不正确的调度算法以及算法中的错误造成的。

例如，假设有两个 goroutine，其中第一个 goroutine 长时间锁定一个互斥体，第二个 goroutine 短时间内锁定同一个互斥体：

```
var mutex sync.Mutex
    go func() {
        for {
            mutex.Lock()
            // 长时间工作
            mutex.Unlock()
            // 执行某些退出操作
        }
    }()
    go func() {
        for {
            mutex.Lock()
            // 执行某些退出操作
            mutex.Unlock()
            // 长时间工作
        }
    }()
```

第一个 goroutine 会长时间保持互斥体锁定，而第二个 goroutine 则在等待互斥体。当第一个 goroutine 释放互斥体时，两个 goroutine 将再次竞争互斥体。给予 goroutine 平等机会的调度将在一半的时间内选择第一个 goroutine。

此外，每当第二个 goroutine 释放锁时，几乎可以肯定第一个 goroutine 将等待并获取它，因为第二个 goroutine 有一个很长的任务需要完成。因此，一个简单的"公平"调度程序会不公平地"饿死"第二个 goroutine。

Go 运行时的最新版本通过支持在队列中等待的 goroutine 来处理这个问题，从而为两个 goroutine 提供了公平的机会。

饥饿也是拒绝服务攻击的关键思想。拒绝服务（denial of service，DoS）攻击的思路是使用大量无用的计算饿死计算机，以至于它无法执行任何有用的计算。例如，Web 服务可能接受包含递归实体定义的 XML 文档并对其进行解析，从而生成包含数十亿个条目的 XML 文档，这被称为十亿大笑攻击（billion laughs attack），即当一个小 XML 被处理时，它会生成十亿个 lol——lol 正是放声大笑（laugh out loud）的缩写。

作为服务的经验法则，永远不要相信从客户端收到的数据。因此，你应该始终施加大小限制，并且不要盲目展开你收到的数据。

Go 运行时有助于检测所有 goroutine 都处于睡眠状态的死锁，但无法检测 goroutine 饥饿的情况。这种情况可能很难被发现。来看下面的例子：

```
func Producer() <-chan string {
    c := make(chan string)
    go func() {
        defer func() {
            if r := recover(); r != nil {
                log.Println("Recovered", r)
                }
        }()
        for i := 0; i < 10; i++ {
            c <- produceValue()
        }
        close(c)
    }()
    return c
}

func httpHandler(w http.ResponseWriter, req *http.Request) {
    c := Producer()
    for _, x := range c {
        w.Write([]byte(x))
    }
}
```

这是一个 Web 服务处理程序，通过返回生产者函数生成的字符串来响应请求。当请求到来时，处理程序将创建一个 Producer 并期望通过通道从中接收一些值。当生产者完成生成值后，它会关闭通道，以便 for 循环可以终止。

现在，假设 ProduceValue 函数出现恐慌，这将终止 goroutine 而不关闭通道。恐慌通过发生它的 goroutine 的堆栈进行传播。在单独的 goroutine 中运行的 HTTP 处理程序永远不会收到该恐慌，并且现在被无限期地阻止。发出请求的客户端最终可能会超时，但为 HTTP 处理程序创建的 goroutine 永远不会终止（goroutine 会泄漏）。

这不会被运行时检测到，尽管可以在该服务器的日志中观察到它。如果这种恐慌发生得足够频繁，服务器很快就会耗尽资源。

这个例子有一个简单的修复方法：不是在 goroutine 末尾关闭通道，而是在开头的 defer 语句中关闭它。这样，即使在发生恐慌的情况下，这也会关闭通道。

活锁（livelock）是一种看起来像死锁，但却没有一个进程被阻塞等待另一个进程的情况。从某种意义上说，这也是饥饿的一种，即使流程有效，但它们却没有做任何有用的事情。

活锁的一个典型例子是两个人在狭窄的走廊里朝相反的方向行进。当面对面相遇时，两人都是客客气气，都想让步给对方，但同时都做出了同样的决定，导致左右同步，却始终没有给对方让路。

运行时无法为活锁提供太多帮助，因为就运行时看到的而言，进程正在运行。在活锁情况下，进程不断尝试获取资源并失败，因为另一个进程也在做同样的事情。

使用 try 锁很容易陷入活锁：

```go
go func() {
    for {
        if mutex1.TryLock() {
            if mutex2.TryLock() {
                // ...
                mutex2.Unlock()
            }
            mutex1.Unlock()
        }
    }
}()
go func() {
    for {
        if mutex2.TryLock() {
            if mutex1.TryLock() {
                // ...
                mutex1.Unlock()
            }
            mutex2.Unlock()
        }
    }
}()
```

活锁很难诊断，因为这种情况可能会在多次迭代后自行解决。

有多种方法可以防止活锁：你如果无法获取资源并打算重试它（例如通过使用 TryLock），则重试有限次数，并且重试之间可能存在随机延迟。

这可以推广到工作队列和管道：你如果获取了一项工作但未能完成它，则记录该工作已重试的次数，这样你就不会无限期地重新安排相同的工作。

1.5　程序的属性

上面介绍的诸多概念可用于定义一个框架，以指定并发程序的某些属性。通常有以下两种你感兴趣的属性：

- ❑　安全属性（safety property）表明某些不良事件永远不会发生。不存在死锁就是一个重要的安全属性，它表明程序的执行不会发生死锁。互斥保证共享资源的两个进程不会同时处于其临界区。正确性（correctness）属性保证：程序如果以有效状态启动，则也应该以有效状态结束。

- ❑　活性属性（liveness property）表明某些好事最终会发生。研究最多的活性属性之一是程序最终应该终止。这通常不适用于长时间运行的程序（如服务器）。对于此类程序，重要的活性属性包括每个请求最终都必须得到答复，发送的消息最终将被接收，并且进程最终将进入其临界区。

目前已经有许多关于提供安全属性和活性属性的研究。本书的重点将放在这些属性的实际应用上。例如，应用程序的活性通常可以通过心跳服务来测试。这可以检测应用程序是否完全无响应，但无法检测应用程序的一部分是否正忙于在活锁中打转。

对于某些关键任务软件系统，安全属性和活性属性的正式证明是必要的。对于许多其他程序来说，运行时评估和检测这些属性就足够了。通过仔细观察并发程序的内部工作原理，这通常可以测试某些安全和活性属性。

有时可以通过终止该组件并创建它的另一个实例来解决安全或活性问题。在某种程度上，这种方法放弃了在部署系统之前必须识别所有此类问题的想法，并接受程序将失败的事实。重要的是，当程序失败时，这些程序应该被快速识别出来，并通过自动更换组件进行修复。这是云计算和微服务架构的核心原则之一：单个组件会发生故障，但整个系统必须通过自动检测和替换故障组件来进行自我修复。

1.6　小　　结

本章的主题是并发而不是并行。并行是人们习惯的直观概念，因为现实世界是并行工作的。并发是一种计算模式，其中代码块可以并行运行，也可以不并行运行。这里的关键是确保无论程序如何运行，我们都能得到正确的结果。

本章讨论了两种主要的并发编程范式：消息传递和共享内存。Go 允许这两种模式，这使得编程变得容易，但同样容易出错。

本章详细阐释了关于并发编程的一些基本概念，即竞争条件、原子性、死锁和饥饿（包括活锁）概念。这里需要注意的重要一点是，这些不止是理论概念，它们还是影响程序运行方式并有可能导致失败的真实情形。

本章尽可能避免讨论 Go 的细节。第 2 章将介绍 Go 并发原语。

1.7 思 考 题

本章我们假设了一个在思考时喜欢行走的哲学家来研究哲学家就餐的问题。如果有两位这样的哲学家，你能预见到会有什么问题？

1.8 延 伸 阅 读

关于并发的文献非常丰富。以下提供的只是并发和分布式计算领域与本章讨论的主题相关的一些开创性著作。每个严肃认真的软件从业者至少应该对这些著作有基本的了解。

❑   下面的论文很容易阅读并且非常简短。它定义了互斥和临界区：

    ➢   E. W. Dijkstra. 1965. Solution of a problem in concurrent programming control. Commun. ACM 8, 9 (Sept. 1965), 569.

        https://doi.org/10.1145/365559.365617

❑   以下是 CSP 书籍。它将 CSP 定义为一种形式语言：

    ➢   Hoare, C. A. R. (2004) [originally published in 1985 by Prentice Hall International]. "Communicating Sequential Processes" (PDF).

        Usingcsp.com

❑   以下论文讨论了分布式系统中事件的排序。该论文获得 2000 年 PODC 影响力论文奖（后更名为 Edsger W.Dijkstra 分布式计算奖）。2007 年还荣获 ACM SIGOPS 名人堂奖：

    ➢   Time, Clocks and the Ordering of Events in a Distributed System, Leslie Lamport, Communications of the ACM 21, 7 (July 1978), 558-565. Reprinted in several collections, including Distributed Computing: Concepts and Implementations, McEntire et al., ed. IEEE Press, 1984. | July 1978, pp. 558-565.

第2章 Go并发原语

本章重点介绍 Go 语言的基本并发功能。我们将首先讨论 goroutine 和通道，这是 Go 语言定义的两个并发构建块。然后，我们还将研究标准库中包含的一些并发实用程序。

本章将讨论以下主题：
- [ ] goroutine 基础知识
- [ ] 通道和 select 语句
- [ ] 互斥体
- [ ] 等待组
- [ ] 条件变量

阅读完本章之后，你将有足够的能力使用 Go 语言功能和标准库对象来解决基本的并发问题。

2.1 技术要求

本章源代码可在本书配套 GitHub 存储库中获取，其网址如下：

https://github.com/PacktPublishing/Effective-Concurrency-in-Go/tree/main/chapter2

2.2 goroutine 基础知识

首先让我们来了解一些与 goroutine 相关的基础知识。

2.2.1 进程

进程（process）是一个程序的实例，具有某些专用资源，如内存空间、处理器时间、文件句柄（例如，Linux 中的大多数进程都有 stdin、stdout 和 stderr）和至少一个线程。我们称其为实例（instance），这是因为同一个程序可以用来创建多个进程。

在大多数通用操作系统中，每个进程都与其他进程隔离，因此任何两个希望通信的进程都必须通过明确定义的进程间通信实用程序来完成。

当进程终止时，为该进程分配的所有内存都将被释放，所有打开的文件都将被关闭，并且所有线程都将被终止。

2.2.2　线程

线程（thread）是一个执行上下文，包含运行指令序列所需的所有资源。通常，它包含堆栈和处理器寄存器的值。堆栈对于保持该线程内嵌套函数调用的顺序以及存储在该线程中执行的函数中声明的值是必需的。一个给定的函数可能在许多不同的线程中执行，因此该函数在线程中运行时使用的局部变量将存储在该线程的堆栈中。

2.2.3　调度程序

调度程序（scheduler）可以将处理器时间分配给线程。有些调度程序是抢占式的，可以随时停止一个线程以切换到另一个线程。有些调度程序是协作的，必须等待线程让出才能切换到另一个线程。线程通常由操作系统管理。

2.2.4　goroutine

goroutine 是由 Go 运行时管理的执行上下文（而不是由操作系统管理的线程）。goroutine 的启动开销通常比操作系统线程小得多。

goroutine 从一个小堆栈开始，并根据需要进行增长。创建新的 goroutine 比创建操作系统线程更快、更便宜。Go 调度程序将分配操作系统线程来运行 goroutine。

在 Go 程序中，goroutine 是使用 go 关键字创建的，后跟函数调用：

```
go f()
go g(i,j)
go func() {
...
}()
go func(i,j int) {
...
}(1,2)
```

go 关键字在新的 goroutine 中启动给定的函数。现有的 goroutine 继续与新创建的 goroutine 并发运行。

作为 goroutine 运行的函数可以接收参数，但不能返回值。goroutine 函数的参数在

goroutine 启动之前进行评估，并在 goroutine 开始运行时传递给函数。

你可能会问，为什么需要开发一个全新的线程系统，只是为了获得轻量级线程？

goroutine 不仅仅是轻量级线程。它们是通过在准备运行的 goroutine 之间有效共享处理能力来提高吞吐量的关键。这是该思想的要点。

Go 运行时使用的操作系统线程数等于平台上的处理器/内核数（除非你通过设置 GOMAXPROCS 环境变量或调用 runtime.GOMAXPROCS 函数来更改此设置）。这是平台可以并行执行的操作数量。除此之外，操作系统将不得不求助于分时系统。

由于 GOMAXPROCS 线程并行运行，因此操作系统级别没有上下文切换开销。Go 调度程序将 goroutine 分配给操作系统线程，以便在每个线程上完成更多工作，而不是在许多线程上完成更少的工作。

较小的上下文切换并不是 Go 调度程序比操作系统调度程序性能更好的唯一原因。Go 调度程序之所以表现更好，是因为它知道唤醒哪些 goroutine 以充分利用它们。操作系统不知道通道操作或互斥体，这两种操作都是由 Go 运行时在用户空间中管理的。

2.2.5　线程和 goroutine 之间的区别

除了 goroutine 更为轻量级，线程和 goroutine 之间还有一些更细微的区别。

线程通常具有优先级。当低优先级线程与高优先级线程竞争共享资源时，高优先级线程有更好的机会获得共享资源。

goroutine 没有预先分配的优先级。也就是说，该语言规范允许有一个有利于某些 goroutine 的调度程序。例如，Go 运行时的更高版本包括将选择饥饿 goroutine 的调度算法。

不过，一般来说，正确的并发 Go 程序不应该依赖于调度行为。许多语言都具有诸如使用可配置调度算法的线程池之类的功能。这些功能是基于"线程创建是一项昂贵的操作"这一假设而开发的，而 Go 的情况并非如此。

另一个区别是 goroutine 堆栈的管理方式。一个 goroutine 以一个小堆栈开始（1.19 之后的 Go 运行时使用历史平均值，早期版本使用 2 KB），每个函数调用都会检查剩余的堆栈空间是否足够。如果不足，则调整堆栈大小。

反观操作系统线程则通常以一个大得多的堆栈（以兆字节为单位）开始，并且该堆栈通常不会增长。

2.2.6　goroutine 的运行研究

当程序启动时，Go 运行时会启动多个 goroutine。到底有多少将取决于实现，并且可能在版本之间发生变化。当然，至少有一个用于垃圾收集器，另一个用于主 goroutine。

主 goroutine 的作用只是调用 main 函数并在它返回时终止程序。当 main 函数返回并且程序退出时，所有正在运行的 goroutine 在该函数执行过程中突然终止，没有机会执行任何清理。

让我们看看创建 goroutine 时会发生什么：

```
func f() {
    fmt.Println("Hello from goroutine")
}

func main() {
    go f()
    fmt.Println("Hello from main")
    time.Sleep(100)
}
```

该程序从主 goroutine 开始。当 go f()语句运行时，会创建一个新的 goroutine。请记住，goroutine 是一个执行上下文，这意味着 go 关键字会导致运行时分配一个新堆栈并将其设置为运行 f()函数。然后这个 goroutine 被标记为准备运行。

主 goroutine 继续运行，不等待 f()函数被调用，并将 Hello from main 输出到控制台上。然后等待 100 ms。在此期间，新的 goroutine 可能会开始运行，调用 f()函数，并输出 Hello from goroutine。

fmt.Println 内置了互斥功能，以确保两个 goroutine 不会破坏彼此的输出。

该程序可以输出以下选项之一：

❑　　先输出 Hello from main，然后输出 Hello from goroutine：这种情况意味着首先是主 goroutine 输出，然后是 goroutine 输出。

❑　　先输出 Hello from goroutine，然后输出 Hello from main：这种情况意味着在 main() 中创建的 goroutine 首先运行，然后是主 goroutine 输出。

❑　　Hello from main：这种情况意味着主 goroutine 持续运行，而新的 goroutine 在给定的 100 ms 内找不到运行的机会，导致 main 返回。

　　一旦 main 返回，程序就会终止，使得 goroutine 找不到运行的机会。这种情况虽然鲜少被观察到，但却是有可能的。

带参数的函数可以作为 goroutine 运行：

```
func f(s string) {
    fmt.Printf("Goroutine %s\n", s)
}
```

```
func main() {
    for _, s := range []string{"a", "b", "c"} {
        go f(s)
    }
    time.Sleep(100)
}
```

该程序的每次运行都可能以随机顺序输出 a、b 和 c。这是因为 for 循环创建了 3 个 goroutine，每个 goroutine 都使用 s 的当前值进行调用，并且它们可以按照调度程序选择它们的任何顺序运行。当然，如果所有 goroutine 没有在给定的 100 ms 内完成，则输出中可能会丢失一些字符串。

当然，这也可以通过匿名函数来完成。但现在，事情变得有趣了：

```
func main() {
    for _, s := range []string{"a", "b", "c"} {
        go func() {
            fmt.Printf("Goroutine %s\n", s)
        }()
    }
    time.Sleep(100)
}
```

以下是输出结果：

```
Goroutine c
Goroutine c
Goroutine c
```

那么，这究竟是怎么回事呢？

首先，这是一场数据竞争，因为有一个共享变量由一个 goroutine 写入并由其他 3 个 goroutine 读取，而没有任何同步。如果我们展开该 for 循环，则这一点会变得更加明显，具体如下所示：

```
func main() {
    var s string
    s = "a"
    go func() {
        fmt.Printf("Goroutine %s\n", s)
    }()

    s = "b"
    go func() {
```

```
        fmt.Printf("Goroutine %s\n", s)
    }()

    s = "c"
    go func() {
        fmt.Printf("Goroutine %s\n", s)
    }()

    time.Sleep(100)
}
```

在这个例子中，每个匿名函数都是一个闭包。我们正在运行 3 个 goroutine，每个 goroutine 都有一个从封闭作用域捕获 s 变量的闭包。因此，我们有 3 个 goroutine 读取共享的 s 变量，并且有 1 个 goroutine（主 goroutine）同时写入它。

这是一场数据竞争。在前面的运行中，所有 3 个 goroutine 都在最后一次给 s 赋值之后运行。还有其他可能的运行。事实上，该程序甚至可以正确运行并输出预期的结果。

这正是数据竞争危险的地方。像这样的程序很少能正确运行，因此在将代码部署到生产环境中之前很容易进行诊断和修复。很少会给出错误输出的数据竞争通常会进入生产环境，并造成一大堆的麻烦。

2.2.7　闭包

现在让我们更详细地看看闭包（closure）是如何工作的。它们是 Go 开发中许多误解的原因，因为简单地将声明的函数重构为匿名函数可能会产生意想不到的后果。

闭包是一个具有上下文的函数，其中包含其封闭作用域内的一些变量。在前面的示例中，存在 3 个闭包，每个闭包都从其作用域捕获 s 变量。

作用域（scope）定义了程序中给定点可访问的所有符号名称。在 Go 中，作用域是根据语法确定的，因此在声明匿名函数的地方，作用域包括所有导出的函数、变量、类型名称、main 函数和 s 变量。

Go 编译器将分析源代码以确定函数中定义的变量在函数返回后是否可以被引用。例如，当你将一个函数中定义的变量的指针传递给另一个函数时，就会出现这种情况。或者当你将全局指针变量分配给函数中定义的变量时。一旦声明该变量的函数返回，全局变量就会指向陈旧的内存位置。堆栈位置随着函数的进入和返回而变化。当检测到这种情况时（甚至只要检测到这种情况的可能性，例如创建 goroutine 或调用另一个函数），变量就会逃逸到堆中。也就是说，编译器将不在栈上分配该变量，而是在堆上动态分配该变量，因此即使变量离开作用域，其内容仍然可以访问。

这正是我们的示例中所发生的情况。s 变量逃逸到堆中，因为即使在 main 函数返回后，有些 goroutine 仍可以继续运行并访问该变量。这种情况如图 2.1 所示。

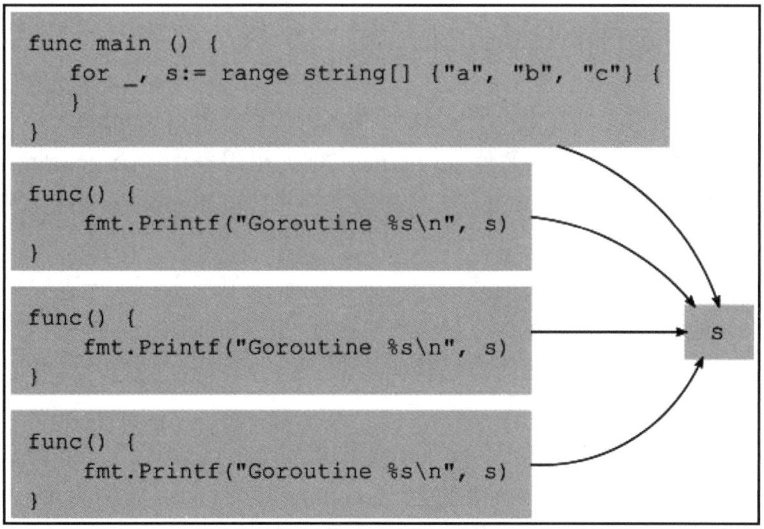

```
func main () {
    for _, s:= range string[] {"a", "b", "c"} {
    }
}
```

```
func() {
    fmt.Printf("Goroutine %s\n", s)
}
```

```
func() {
    fmt.Printf("Goroutine %s\n", s)
}
```

```
func() {
    fmt.Printf("Goroutine %s\n", s)
}
```

图 2.1　闭包

作为 goroutine 的闭包可能是一个非常强大的工具，但必须谨慎使用它们。大多数作为 goroutine 运行的闭包共享内存，因此它们很容易出现竞争。

我们可以通过在每次迭代时创建 s 变量的副本来修复该程序。第一次迭代将 s 设置为"a"，我们创建它的副本并在闭包中捕获该副本。然后下一次迭代将 s 设置为"b"。这是没问题的，因为在第一次迭代期间创建的闭包仍在使用"a"。我们创建 s 的一个新副本，这次其值为"b"，如此继续。代码示例如下：

```
for _, s := range []string{"a", "b", "c"} {
    s:=s // 重新声明 s，创建一个副本
    // 在这里，重新声明的 s 捕获的是循环变量 s
    go func() {…}
}
```

另一种方法是将其作为参数进行传递：

```
for _, s := range []string{"a", "b", "c"} {
    go func(s string) {
        fmt.Printf("Goroutine %s\n", s)
    }(s) // 这将传递 s 的一个副本给函数
}
```

在上述任一解决方案中，s 循环变量都不再逃逸到堆中，因为它的副本被捕获。在使用重新声明的变量的第一个解决方案中，副本逃逸到堆中，但 s 循环变量不会。

2.2.8　停止正在运行的 goroutine

关于 goroutine 的常见问题之一是：如何停止正在运行的 goroutine？

没有神奇的函数可以终止或暂停 goroutine。你如果想停止一个 goroutine，则必须发送一些消息或设置一个与该 goroutine 共享的标志，并且该 goroutine 必须响应消息，或者读取共享变量并返回。

你如果想暂停它，则必须使用其中一种同步机制来阻塞它。这一事实引起了开发人员的一些焦虑，他们无法找到有效的方法来终止他们的 goroutine。但是，这是并发编程的现实之一。创建并发执行块的能力只是问题的一部分。一旦创建，你就必须注意如何负责任地终止它们。

panic 可以终止 goroutine。如果 goroutine 中发生 panic，那么 panic 会在调用堆栈中向上传播，直至找到 recover，或者直到 goroutine 返回。这被称为堆栈展开（stack unwinding）。如果恐慌未被处理，则将输出恐慌消息并且程序将崩溃。

2.2.9　Go 运行时管理 goroutine 的方式

在结束本主题之前，讨论 Go 运行时如何管理 goroutine 可能有助于你的理解。

Go 使用 *M:N* 调度程序，在 *N* 个操作系统线程上运行 *M* 个 goroutine。在内部，Go 运行时将跟踪操作系统线程和 goroutine。

当操作系统线程准备好执行 goroutine 时，调度程序会选择一个准备运行的 goroutine 并将其分配给该线程。操作系统线程运行该 goroutine，直到它被阻塞、产生结果或被抢占。

有多种方法可以阻塞 goroutine。通道操作或互斥体阻塞将由 Go 运行时管理。如果 goroutine 由于同步 I/O 操作而被阻塞，那么运行该 goroutine 的线程也会被阻塞（这是由操作系统管理的）。在这种情况下，Go 运行时会启动一个新线程或使用一个已经可用的线程并继续操作。

当操作系统线程解除阻塞（即 I/O 操作结束）时，线程被重新投入使用或返回线程池。

Go 运行时使用 GOMAXPROCS 变量限制运行用户 goroutine 的活动操作系统线程的数量。但是，等待 I/O 操作的操作系统线程的数量没有限制。因此，Go 程序使用的实际操作系统线程数可能远高于 GOMAXPROCS。当然，这些线程中只有 GOMAXPROCS 个线程会执行用户 goroutine。

图 2.2 说明了这一点。假设 GOMAXPROCS=2。线程 1 和线程 2 是正在执行 goroutine 的操作系统线程。运行在线程 1 上的 goroutine G1 执行同步 I/O 操作，阻塞线程 1。由于线程 1 不再运行，Go 运行时分配线程 3 并继续运行 goroutine。请注意，即使这里有 3 个操作系统线程，但也只有 2 个活动线程和 1 个被阻塞线程。当线程 1 上运行的系统调用完成时，goroutine G1 再次可运行，但现在多了一个线程，因此 Go 运行时继续使用线程 3 运行并停止使用线程 1。

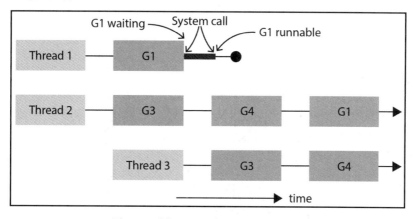

图 2.2　系统调用阻塞了操作系统线程

原　　文	译　　文
Thread 1	线程 1
Thread 2	线程 2
Thread 3	线程 3
G1 waiting	G1 正在等待
System call	系统调用
G1 runnable	G1 可运行
time	时间

异步 I/O 操作（例如某些平台上的网络操作和某些文件操作）也会发生类似的过程。但是，此时阻塞的不是进行系统调用的线程，而是阻塞 goroutine，并使用 netpoller 线程来等待异步事件。当 netpoller 接收到事件时，它会唤醒相关的 goroutine。

2.3　通道和 select 语句

通道（channel）允许 goroutine 通过通信共享内存，而不是通过共享内存进行通信。

当你使用通道时，你必须记住通道是组合在一起的两个东西：它们是同步工具，也是数据的管道。

2.3.1　声明通道

你可以通过指定通道的类型和容量来声明通道：

```
ch:=make(chan int,2)
```

上述声明将创建并初始化一个可以携带容量为 2 的整数值的通道。

2.3.2　发送和接收值

通道是先进先出（first-in, first-out，FIFO）管道。也就是说，如果你向通道发送一些值，那么接收器将按照写入的顺序接收这些值。

使用以下语法可以向通道发送值或从通道中接收值：

```
ch <- 1      // 将 1 发送给通道
<- ch        // 从通道中接收值
x= <- ch     // 从通道中接收值并将它赋值给 x
x:= <- ch    // 从通道中接收值，声明变量 x
             // 使用与读取的值相同的类型（即 int）
             // 并将该值赋给 x
```

len()函数和 cap()函数可以按通道的预期工作。len()函数将返回通道中等待的项目数，而 cap()函数将返回通道缓冲区的容量（capacity）。不过，这些函数的可用性并不意味着以下代码是正确的：

```
// 不要这样写代码
if len(ch) > 0 {
    x := <-ch
}
```

此代码将检查通道中是否有一些数据，如果有，则读取它。这段代码有一个竞争条件。即使该通道在检查其长度时可能有数据，另一个 goroutine 也可能会在该 goroutine 尝试这样做时接收到数据。换句话说，如果 len(ch)返回一个非 0 值，则只能意味着该通道在检查其长度时具有某些值，但并不意味着在 len 函数返回后它仍具有某些值。

图 2.3 说明了使用两个 goroutine 对该通道进行的可能操作序列。第一个 goroutine 将值 1 和 2 发送到通道，这些值存储在通道缓冲区中（len(ch)=2，cap(ch)=2）。然后另一个 goroutine 接收到 1。此时，下一个要从通道读取的值是 2，而通道缓冲区中只有一个值。

第一个 goroutine 发送 3。通道已满，因此向通道发送 4 的操作会阻塞。当第二个 goroutine 从通道中接收到值 2 时，第一个 goroutine 发送成功，第一个 goroutine 被唤醒。

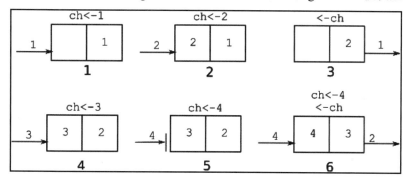

图 2.3　容量为 2 的缓冲通道的可能操作顺序

此示例显示对通道的发送操作将被阻塞，直到通道准备好接收值。如果通道尚未准备好接收该值，则发送操作会被阻塞。

类似地，图 2.4 显示了被阻塞的接收操作。第一个 goroutine 发送 1，第二个 goroutine 接收它。现在 len(ch)=0，因此第二个 goroutine 的下一个接收操作会被阻塞。当第一个 goroutine 向通道发送值 2 时，第二个 goroutine 接收该值并被唤醒。

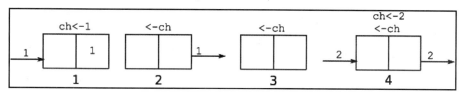

图 2.4　阻塞接收操作

因此，来自通道的接收将被阻塞，直到通道准备好提供值。

2.3.3　通道的初始化和关闭

通道实际上是一个指向包含其内部状态的数据结构的指针，因此通道变量的 0 值为 nil。也因为如此，所以必须使用 make 关键字初始化通道。

如果你忘记初始化通道，那么它永远不会准备好接收值或提供值，因此读取或写入 nil 通道将无限期地阻塞。

Go 垃圾收集器将收集不再使用的通道。如果没有直接或间接引用通道的 goroutine，则即使通道的缓冲区中有元素，该通道也会被垃圾回收。你无须关闭通道即可使其符合垃圾收集条件。事实上，关闭一个通道比仅仅清理资源更有意义。

你可能已经注意到，使用通道发送和接收数据是一对一的操作：一个 goroutine 发送数据，另一个 goroutine 接收数据。使用一个通道发送将被多个 goroutine 接收的数据是不可能的。但是，关闭一个通道是对所有接收 goroutine 的一次性广播。事实上，这是同时通知多个 goroutine 的唯一方法。这是一个非常有用的功能，特别是在开发服务器时。例如，net/http 包实现了在单独的 goroutine 中处理每个请求的 Server 类型。

context.Context 的实例被传递到包含 Done()通道的每个请求处理程序中。例如，如果客户端在请求处理程序准备响应之前关闭连接，则处理程序可以检查 Done()通道是否已关闭并提前终止处理。

请求处理程序如果创建 goroutine 来准备响应，那么应该将相同的上下文传递给这些 goroutine，一旦 Done()通道关闭，它们就会都收到取消通知。本书后面的章节还将讨论如何使用 context.Context。

从已关闭的通道接收是有效的操作。事实上，来自已关闭通道的接收总是会成功，并且通道类型的值为 0。

但是，写入已关闭的通道则是一个错误：写入已关闭的通道总是会导致恐慌。

图 2.5 描述了关闭通道的工作原理。此示例首先由一个 goroutine 向通道发送 1 和 2，然后关闭它。通道关闭后，向其发送更多数据会导致恐慌。通道将通道已关闭的信息保留为其缓冲区中的值之一，因此接收操作仍然可以继续。goroutine 接收值 1 和 2，然后每次读取都会返回通道类型的 0 值，在这种情况下，为整数 0。

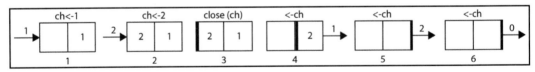

图 2.5　关闭通道

原　文	译　文
close	关闭

对于接收方来说，了解读取发生时通道是否已关闭通常很重要。可以使用下面的形式来测试通道状态：

```
y, ok := <-ch
```

这种形式的通道接收操作将返回接收到的值以及该值是否是真正的接收或者通道是否关闭。如果 ok=true，则已收到该值；如果 ok=false，则通道已关闭，并且该值只是 0 值。发送时不存在类似的语法，因为发送到已关闭的通道会导致恐慌。

2.3.4　无缓冲通道

当创建没有缓冲区的通道时会发生什么？这样的通道被称为无缓冲通道（unbuffered channel），其行为方式与缓冲通道相同，但 len(ch)=0 且 cap(ch)=0。因此，发送操作将被阻塞，直到有另一个 goroutine 接收到它。接收操作也将被阻塞，直到有另一个 goroutine 发送给它。换句话说，无缓冲通道其实是一种在 goroutine 之间以原子方式传输数据的方法。

让我们通过以下代码片段看看如何使用无缓冲通道发送消息并同步 goroutine：

```
1: chn := make(chan bool)   // 创建一个无缓冲通道
2: go func() {
3:     chn <- true           // 发送到通道
4: }()
5: go func() {
6:     var y bool
7:     y <-chn               // 从通道接收
8:     fmt.Println(y)
9: }()
```

在上述代码中，第 1 行创建了一个无缓冲的布尔通道。

第 2 行创建 G1 goroutine，第 5 行创建 G2 goroutine。

此时有两种可能的运行：G1 在 G2 准备好接收（第 7 行）之前尝试发送（第 3 行），或者 G2 在 G1 准备好发送（第 3 行）之前尝试接收（第 7 行）。

图 2.6 中左起的第一幅图说明了 G1 首先运行的情况。在第 3 行，G1 尝试发送到通道，然而此时 G2 还没有准备好接收。由于通道没有缓冲并且没有可用的接收者，因此 G1 的操作会被阻塞。

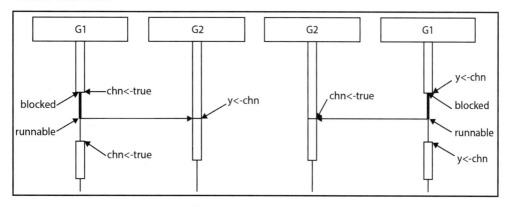

图 2.6　使用无缓冲通道的两种可能的运行

原　　文	译　　文
blocked	被阻塞
runnable	可运行

　　过了一会儿，G2 执行第 7 行。这是一个通道接收操作，并且有一个 goroutine（G1）在等待发送给该通道。因此，第一个 G1 现在被解除阻塞，并将值发送到通道，而 G2 则无阻塞地接收到该值。现在由调度程序决定 G1 何时可以运行。

　　第二种可能的情况是 G2 首先运行，如图 2.6 右侧所示。由于 G1 尚未被发送到通道，因此 G2 会被阻塞。当 G1 准备发送时，G2 已经在等待接收，因此 G1 不会被阻塞并发送值，而 G2 则解除阻塞并接收值。调度程序将决定 G2 何时可以再次运行。

　　请注意，无缓冲通道实际上充当了两个 goroutine 之间的同步点。两个 goroutine 必须对齐才能进行消息传输。

　　这里有必要提醒一下，将值从一个 goroutine 传输到另一个 goroutine 会传输该值的副本。因此，如果一个 goroutine 运行 ch<-x 并发送 x 的值，而另一个 goroutine 通过 y<-ch 接收该值，那么这相当于 y=x，并具有额外的同步保证。这里的关键点是它并不转移值的所有权。如果传输的值是一个指针，则最终会得到一个共享内存系统。

　　来看以下程序：

```
type Data struct {
    Values map[string]interface{}
}

func processData(data Data,pipeline chan Data) {
    data.Values = getInitialValues()    // 初始化该映射

    pipeline <- data                     // 发送数据到另一个 goroutine 以进行处理

    data.Values["status"] = "sent"       // 可能的数据竞争

}
```

　　在上述代码中，processData 函数将初始化 Values 映射，然后将数据发送到另一个 goroutine 进行处理。但映射实际上是一个指向复杂映射结构的指针。当通过通道发送数据时，接收方会收到指向同一映射结构的指针的副本。如果接收 goroutine 读取或写入 Values 映射，那么该操作将与前面代码片段中显示的写入操作并发。这是一场数据竞争。

　　因此，作为惯例，最好假设如果一个值是通过通道发送的，那么该值的所有权也会被转移，并且在通过通道发送该值后不应该使用变量。你可以重新声明它或丢弃它。如果必须这样做，请包含一个额外的机制，如互斥体，这样你就可以在值被共享后协调 goroutine。

2.3.5　使用单向通道

通道可以用方向来声明。此类通道可用作函数参数或函数返回值：

```
var receiveOnly <-chan int        // 可以接收，不能写入或关闭
var sendOnly chan<- int           // 可以发送，不能读取或关闭
```

此声明的好处是类型安全：采用仅发送通道作为参数的函数无法从该通道中接收数据或关闭该通道。从仅接收通道获取返回值的函数只能从通道中接收数据，但不能发送数据或关闭该通道。

来看以下示例：

```
func streamResults() <-chan Data {
    resultCh := make(chan Data)
    go func() {
        defer close(resultCh)
        results := getResults()
        for _, result := range results {
            resultCh <- result
        }
    }()
    return resultCh
}
```

这是将查询结果流式传输给调用者的典型方式。该函数首先声明一个双向通道，但将其作为定向通道返回。这告诉调用者它只能从该通道中读取数据。流传输函数将写入该通道并在一切完成后关闭该通道。

2.3.6　使用多个 goroutine 和通道协调工作

到目前为止，我们已经在两个 goroutine 的上下文中研究了通道。但通道也可用于与许多 goroutine 进行通信。当多个 goroutine 尝试向通道中发送数据或多个 goroutine 尝试从通道中读取数据时，它们会被随机调度。这个简单的规则有很多含义。

你可以创建许多工作 goroutine（worker goroutine），所有 goroutine 都从某个通道中接收工作。另一个 goroutine 将工作项（work item）发送到通道中，每个工作项将由可用的工作 goroutine 拾取并进行处理。这对于工作池（worker pool）模式很有用，其中许多工作 goroutine 可同时处理任务列表。然后，你可以让一个 goroutine 从由许多工作 goroutine

写入的通道中读取数据。读取 goroutine 将收集这些工作 goroutine 执行的计算结果。

下面的程序说明了这个思路：

```
1: workCh := make(chan Work)
2: resultCh := make(chan Result)
3: done := make(chan bool)
4:
5: // 创建 10 个工作 goroutine
6: for i := 0; i < 10; i++ {
7:     go func() {
8:         for {
9:             // 从 workCh 通道中获取工作
10:            work := <- workCh
11:            // 计算结果
12:            // 通过 resultCh 通道发送结果
13:            resultCh <- result
14:         }
15:     }()
16: }
17: results := make([]Result, 0)
18: go func() {
19:     // 收集所有结果
20:     for _, i := 0; i < len(workQueue); i++ {
21:         results = append(results, <-resultCh)
22:     }
23:     // 当收集到所有结果时，通知 done 通道
24:     done <- true
25: }()
26: // 将所有工作发送给 worker
27: for _, work := range workQueue {
28:     workCh <- work
29: }
30: // 等待直到全部完成
31: <- done
```

这是我们特意编写的一个示例，它说明了如何使用多个通道来协调工作。有两个通道用于传递数据，其中 workCh 用于将工作发送到 goroutine 中，resultCh 用于收集计算结果。有一个通道（done 通道）用于控制程序的流程。这是必需的，因为我们希望等到所有结果都被计算完毕并存储在切片中后再继续。

该程序首先创建工作 goroutine，然后创建一个单独的 goroutine 来收集结果。所有这些 goroutine 都将被阻塞，等待接收数据（第 10 行和第 21 行）。然后，主体的 for 循环

将迭代工作队列并将工作项发送到等待的工作 goroutine（第 28 行）中。每个工作 goroutine 都将接收到工作（第 10 行），计算结果，然后将结果发送到收集 goroutine（第 13 行）中，这会将它们放入切片中。主 goroutine 将发送所有工作项，然后阻塞，直至从 done 通道中接收到一个值（第 31 行），该值将在收集所有结果后出现（第 24 行）。

正如你所看到的，该程序中存在通道操作的顺序：28 < 10 < 13 < 21 < 24 < 31。这些类型的顺序对于分析程序的并发执行至关重要。

你可能已经注意到，在这个程序中，所有的工作 goroutine 都发生了泄漏，也就是说，它们从未被阻止过。阻止它们的一个好方法是在完成写入后关闭工作通道。然后我们可以在工作 goroutine 中检查通道是否关闭：

```
for _, work := range workQueue {
    workCh <- work
}
close(workCh)
```

这将通知工作 goroutine，工作队列已被耗尽并且工作通道已被关闭。我们可以修改工作 goroutine 来检查这一点，如以下代码所示：

```
work, ok := <- workCh
if !ok {                        // 通道是否关闭
    return                      // 是的。终止
}
```

有一种更惯用的方法可以做到这一点。你可以在 for 循环中遍历通道，该循环将在通道关闭时退出：

```
go func() {
    for work := range workCh { // 接收直至通道关闭

        // 计算结果
        // 通过 resultCh 通道发送结果
        resultCh <- result
    }
}()
```

经过这样修改之后，一旦工作通道被关闭，所有正在运行的工作 goroutine 就会终止。

2.3.7　select 语句

本书后面的章节将更详细地探讨这些模式。但是，目前这些模式也带来了另一个问题：我们如何使用多个通道？

为了回答这个问题，我们必须介绍 select 语句。以下定义来自 Go 语言规范：

select 语句可以从一组可能的发送或接收操作中选择一个。

select 语句看起来像一个 switch-case 语句：

```
select {
    case x := <-ch1:
    // 从 ch1 中接收到 x
    case y := <-ch2:
    // 从 ch2 中接收到 y
    case ch3 <- z:
    // 将 z 发送到 ch3 中
    default:
    // 默认选项
    // 如果没有任何可以继续的操作，则选择此项
}
```

概括地讲，select 语句的作用就是选择可以继续进行的 send 或 receive 操作之一，然后运行与所选操作相对应的块。

请注意上面代码注释的准确含义。从 ch1 中接收 x 的块仅在从 ch1 中接收到 x 后才运行。

如果有多个可以继续的发送或接收操作，则 select 语句会随机选择一个。如果没有，则 select 语句将选择 default 选项。如果 default 选项不存在，则 select 语句会被阻塞，直到通道操作之一可用。

从前面的定义可以得出，以下无限期阻塞：

```
select {}
```

在 select 语句中使用 default 选项对于非阻塞发送和接收非常有用。只有当所有其他选项都未准备好时，才会选择 default 选项。

以下就是非阻塞发送操作：

```
select {
    case ch<-x:
        sent = true
    default:
}
```

上面的 select 语句将测试 ch 通道是否准备好发送数据。如果已准备就绪，则将发送 x 值；如果还没有准备好，则将使用 default 选项继续执行。

请注意，这仅意味着 ch 通道在测试时尚未准备好发送数据。当 default 选项开始运行

时，发送到 ch 通道中的操作可能变得可用。

类似地，以下是非阻塞接收：

```
select {
    case x = <- ch:
        received = true
    default:
}
```

关于 goroutine 的常见问题之一是如何停止它们。正如之前所解释的，没有任何神奇的函数可以在 goroutine 运行过程中停止它。但是，使用非阻塞接收和通道来发出停止请求信号，你可以优雅地终止长时间运行的 goroutine：

```
1: stopCh := make(chan struct{})
2: requestCh := make(chan Request)
3: resultCh := make(chan Result)
4: go func() {
5:     for { // 无限循环
6:         var req Request
7:         select {
8:         case req = <-requestCh:
9:             // 收到处理请求
10:        case <-stopCh:
11:            // 停止请求，清理并返回
12:            cleanup()
13:            return
14:        }
15:        // 执行一些处理
16:        someLongProcessing(req)
17:        // 检查是否在另一个长任务之前请求停止
18:        select {
19:        case <-stopCh:
20:            // 停止请求，清理并返回
21:            cleanup()
22:            return
23:        default:
24:        }
25:        // 执行一些处理
26:        result := otherLongProcessing(req)
27:        select {
28:        // 等待直到 resultCh 变得可发送，或停止请求
29:        case resultCh <- result:
```

```
30:           // 发送结果
31:       case <-stopCh:
32:           // 停止请求
33:           cleanup()
34:           return
35:       }
36:   }
37: }()
```

上述函数使用了 3 个通道：一个用于接收来自 requestCh 的请求，另一个用于将结果发送到 resultCh 中，还有一个用于通知 goroutine 停止 stopCh 的请求。要发送 stop 请求，主 goroutine 只需关闭 stop 通道，该通道就会向所有工作 goroutine 广播停止请求。

第 7 行的 select 语句会被阻塞，直到通道之一（request 通道或 stop 通道）具有要接收的数据。如果 select 语句从 stop 通道中接收数据，则 goroutine 会进行清理并返回。如果收到的是请求，则 goroutine 会处理它。

第 18 行的 select 语句是从 stop 通道中进行的非阻塞读取。如果在此处理过程中请求了 stop，则这里会检测到它，并且该 goroutine 可以清理并返回；否则，处理将继续，并计算结果。

第 27 行的 select 语句将检查侦听 goroutine 是否准备好接收结果或者是否请求了 stop。如果侦听 goroutine 准备就绪，则发送结果，然后循环重新开始；如果侦听 goroutine 尚未准备好但请求了 stop，则 goroutine 会进行清理并返回。这个 select 语句是一个阻塞选择，因此它将等待，直到可以传输结果或接收到停止请求并返回。

请注意，对于第 27 行的 select 语句，如果 result 通道和 stop 通道都已启用，则选择是随机的。即使请求了 stop，goroutine 也可能发送 result 通道并继续循环。

同样的情况也适用于第 7 行的 select 语句。如果 request 通道和 stop 通道都已启用，则 select 语句可能会选择读取请求而不是停止。

这个例子提示了一个很好的要点：在 select 语句中，所有已启用的通道都有相同的被选择的可能性，也就是说，没有通道优先级。

在负载很多的情况下，即使请求停止后，前一个 goroutine 也可能会处理许多请求。处理这种情况的方法之一是仔细检查优先级较高的通道：

```
select {
case req = <-requestCh:
    // 接收到要处理的请求
    // 检查是否也收到了停止请求
    select {
    case <- stopCh:
```

```
        cleanup()
        return
    default:
    }
    case <-stopCh:
        // 停止请求，清理并返回
        cleanup()
        return
}
```

这将在从 request 通道中接收到处理请求之后再次检查是否收到 stop 请求，如果收到 stop 请求，则返回。

另请注意，上面的 goroutine 如果在收到 stop 请求后停止，那么将丢失已经接收到的请求。如果这不是你想要的副作用，那么清理过程应该将该请求放回队列中。

通道可用于根据信号正常终止程序，这在容器化环境中很重要。在容器化环境中，编排平台可以使用信号终止正在运行的容器。

以下代码片段演示了这种情况：

```
var term chan struct{}
func main() {
    term = make(chan struct{})
    sig := make(chan os.Signal, 1)
    go func() {
        <-sig
        close(term)
    }()
    signal.Notify(sig, syscall.SIGINT, syscall.SIGTERM)

    go func() {
        for {
            select {
            case term:
                return
            default:
            }
            // 执行工作
        }
    }()
    // ...
}
```

该程序将通过关闭全局 term 通道来处理来自操作系统的中断和终止信号。所有工作

goroutine 都会检查 term 通道并返回程序是否正在终止的结果。这使应用程序有机会在程序终止之前执行清理操作。侦听信号的通道必须是有缓冲的，因为运行时将使用非阻塞写入来发送信号消息。

最后，让我们仔细看看 select 语句的一些有趣的属性，这些属性可能会导致一些误解。

例如，以下是一个有效的 select 语句。当通道准备好接收时，select 语句将随机选择其中一种情况：

```
select {
    case <-ch:
    case <-ch:
}
```

通道发送或接收操作可能并不是 case 块中的第一件事，例如：

```
func main() {
    var i int
    f := func() int {
        i++
        return i
    }
    ch1 := make(chan int)
    ch2 := make(chan int)
    select {
        case ch1 <- f():
        case ch2 <- f():
        default:
    }
    fmt.Println(i)
}
```

上面的程序使用的是非阻塞发送。没有其他 goroutine，因此无法选择通道发送操作，但在这两种情况下仍会调用 f()函数。该程序将输出 2。

更复杂的 select 语句如下：

```
func main() {
    ch1 := make(chan int)
    ch2 := make(chan int)
    go func() {
        ch2 <- 1
    }()
    go func() {
        fmt.Println(<-ch1)
```

```
    }()
    select {
        case ch1 <- <-ch2:
            time.Sleep(time.Second)
        default:
    }
}
```

在这个程序中，有一个 goroutine，它向 ch2 通道中发送，还有一个 goroutine，它从 ch1 通道中接收。两个通道都是无缓冲的，因此两个 goroutine 都会在 channel 操作处阻塞。但 select 语句有一个 case，即从 ch2 通道中接收一个值并将其发送到 ch1 通道中。这究竟会发生什么？select 语句会根据 ch1 通道或 ch2 通道的就绪情况做出决定吗？

select 语句将立即评估通道发送操作的参数。这意味着 <-ch2 将运行，而不查看它是否准备好接收。如果 ch2 通道尚未准备好接收，则即使存在 default 情况，select 语句也会阻塞，直到它准备好。

一旦收到来自 ch2 通道的消息，select 语句就会做出选择：如果 ch1 通道准备好发送该值，则将进行发送；如果没有，则将选择 default。

2.4 互 斥 体

互斥体（mutex）是互斥（mutual exclusion）的缩写。它是一种同步机制，确保只有一个 goroutine 可以进入临界区，而其他 goroutine 则正在等待。

互斥体在声明后就可以使用了。一旦声明，互斥体就会提供两种基本操作：锁定和解锁。

互斥体只能被锁定一次，因此如果一个 goroutine 锁定了一个互斥体，则所有其他尝试锁定该互斥体的 goroutine 将被阻塞，直到该互斥体被解锁。这将确保只有一个 goroutine 进入临界区。

互斥体的典型用途如下：

```
var m sync.Mutex
func f() {
    m.Lock()
    // 临界区
    m.Unlock()
}
func g() {
    m.Lock()
```

```
    defer m.Unlock()
    // 临界区
}
```

为了确保临界区的互斥，互斥体必须是共享对象。也就是说，为特别临界区定义的互斥体必须由所有 goroutine 共享以建立互斥。

让我们通过一个实际的例子来说明互斥体的使用。

有一个很常见的与缓存有关的问题是：某些操作（如昂贵的计算、I/O 操作或使用数据库）速度很慢，因此在获得结果后对其进行缓存是有意义的。但根据定义，缓存是在许多 goroutine 之间共享的，因此它必须是线程安全的。

以下示例是一个缓存实现，它从数据库中加载对象并将它们放入映射中。如果数据库中不存在该对象，则缓存还会记住这一点：

```
type Cache struct {
    mu sync.Mutex
    m map[string]*Data
}

func (c *Cache) Get(ID string) (Data, bool) {
    c.mu.Lock()
    data, exists := c.m[ID]
    c.mu.Unlock()
    if exists {
        if data == nil {
            return Data{}, false
        }
        return *data, true
    }
    data, loaded = retrieveData(ID)
    c.mu.Lock()
    defer c.mu.Unlock()
    d, exists := c.m[data.ID]
    if exists {
        return *d, true
    }
    if !loaded {
        c.m[ID] = nil
        return Data{}, false
    }
    c.m[data.ID] = data
    return *data, true
}
```

Cache 结构体包括一个互斥体。Get 方法从锁定缓存开始。这是因为 Cache.m 是在 goroutine 之间共享的，所有涉及 Cache.m 的读或写操作都只能由一个 goroutine 完成。如果此时还有其他缓存请求正在进行，则此调用将阻塞，直到其他 goroutine 完成。

第一个临界区只是读取映射以查看请求的对象是否已在缓存中。请注意，一旦临界区完成，缓存就会解锁，以允许其他 goroutine 进入其临界区中。

如果请求的对象在缓存中，或者缓存中记录了该对象不存在，则该方法返回；否则，该方法将从数据库中检索对象。

由于在此操作期间未持有锁，因此其他 goroutine 可能会继续使用缓存，这可能会导致其他 goroutine 也加载相同的对象。

一旦对象被加载，缓存就会再次被锁定，因为加载的对象必须放入缓存中。这一次，我们可以使用 defer c.mu.Unlock() 来确保方法返回后缓存被解锁。

第二次检查是为了查看该对象是否已被另一个 goroutine 放入缓存中。这是有可能的，因为多个 goroutine 可以同时使用相同的 ID 请求对象，并且许多 goroutine 可能会继续从数据库中加载对象。获取锁后再次检查将确保如果另一个 goroutine 已将该对象放入缓存中，则该对象不会被新副本覆盖。

这里需要注意的重要一点是，互斥体不应该被复制。当你复制互斥体时，最终会得到两个互斥体：原始互斥体和副本，并且锁定原始互斥体不会阻止副本也锁定其副本。go vet 工具可以捕获这些操作。例如，使用值接收器而不是指针声明缓存 Get 方法将复制缓存结构体和互斥体：

```go
func (c Cache) Get(ID string) (Data,bool) {…}
```

这将在每次调用时复制互斥体，因此所有并发 Get 调用都将进入其各自的临界区中，而不会出现互斥。

互斥体不会跟踪哪个 goroutine 锁定了它。这有一些影响。首先，从同一个 goroutine 两次锁定互斥体会导致该 goroutine 死锁。这是多个函数的常见问题，这些函数可以互相调用并锁定相同互斥体：

```go
var m sync.Mutex
func f() {
    m.Lock()
    defer m.Unlock()
    // 处理
}

func g() {
```

```
    m.Lock()
    defer m.Unlock()
    f() // 死锁
}
```

在上述代码中，g()函数调用了 f()函数，但是 m 互斥体已经被锁定，因此 f 死锁。纠正此问题的一种方法是声明 f 的两个版本，一个带锁，另一个不带锁：

```
func f() {
    m.Lock()
    defer m.Unlock()
    fUnlocked()
}

func fUnlocked() {
    // 处理
}

func g() {
    m.Lock()
    defer m.Unlock()
    fUnlocked()
}
```

其次，没有什么可以阻止不相关的 goroutine 解锁另一个 goroutine 锁定的互斥体。在重构算法并且在此过程中忘记更改互斥体名称之后，往往会发生这种情况。它们会产生非常难以察觉的错误。

互斥体的功能可以使用缓冲区大小为 1 的通道来复制：

```
var mutexCh = make(chan struct{},1)
func Lock() {
    mutexCh<-struct{}{}
}

func Unlock() {
    select {
        case <-mutexCh:
        default:
    }
}
```

很多时候，例如在上面的缓存示例中，有两种类型的临界区：一种用于读取器，另一种用于写入器。读取器的临界区允许多个读取器进入临界区中，但不允许写入器进入临界区中，直到所有读取器都完成。写入器的临界区排除所有其他写入器和所有读取器。这意味着一个结构体可以有多个并发读取器，但只能有一个写入器。

要实现这一目标，可以使用 RWMutex 互斥体。该互斥体允许多个读取器或单个写入器持有锁。

修改后的缓存如下所示：

```go
type Cache struct {
    mu sync.RWMutex // 使用读/写互斥体
    cache map[string]*Data
}

func (c *Cache) Get(ID string) (Data, bool) {
c.mu.RLock()
    data, exists := c.m[data.ID]
    c.mu.RUnlock()
    if exists {
        if data == nil {
            return Data{}, false
        }
    return *data, true
    }
    data, loaded = retrieveData(ID)
    c.mu.Lock()
    defer c.mu.Unlock()
    d, exists := c.m[data.ID]
    if exists {
        return *d, true
    }
    if !loaded {
        c.m[ID] = nil
            return Data{}, false
    }
    c.m[data.ID] = data
    return *data, true
}
```

请注意，第一个锁是读取器锁。它允许许多读取器 goroutine 并发执行。一旦确定缓存需要更新，就会使用写入锁。

2.5　等　待　组

顾名思义，等待组（wait group）将等待一组事物（通常是 goroutine）完成。它本质上是一个线程安全的计数器，允许你等待，直到计数器为 0。

等待组的常见使用模式如下：

```
// 创建等待组
wg := sync.WaitGroup{}
for i := 0; i < 10; i++ {
    // 在创建 goroutine 之前添加到等待组中
    wg.Add(1)
    go func() {
        // 确认等待组知道 goroutine 完成
        defer wg.Done()
        // 执行工作
    }()
}
// 等待至所有 goroutine 都完成
wg.Wait()
```

当你创建 WaitGroup 时，它被初始化为 0，因此对 Wait 的调用不会等待任何事情。因此，你必须在调用 Wait 之前添加它必须等待的事物数。为此，我们调用了 Add(n)，其中 n 是要添加等待的事物的数量。它使读取器可以更轻松地在创建要等待的事物（在本例中，它是一个 goroutine）之前调用 Add(1)。然后主 goroutine 调用 Wait，它将等待，直到等待组计数器达到 0。

为此，我们必须确保为每个返回的 goroutine 调用 Done 方法。使用 defer 语句是确保这一点的最简单方法。

WaitGroup 的常见用途是在调用多个服务并收集结果的编排器（orchestrator）服务中。编排器服务必须等待所有服务返回才能继续计算。

来看下面的例子：

```
func orchestratorService() (Result1, Result2) {
    wg := sync.WaitGroup{}    // 创建一个等待组
    wg.Add(1)                 // 添加第一个 goroutine
    var result1 Result1
    go func() {
        defer wg.Done()       // 确保等待组知道已完成
```

```
        result1 = callService1()       // 调用 Service1
    }()
    wg.Add(1)                           // 添加第二个 goroutine
    var result2 Result2
    go func() {
        defer wg.Done()                 // 确保等待组知道已完成
        result2 = callService2()        // 调用 Service2
    }()
    wg.Wait()                           // 等待两个服务返回
    return result1, result2             // 返回结果
}
```

使用 WaitGroup 时的一个常见错误是在错误的位置调用 Add 或 Done。

以下两点需要记住：

❑　必须在程序有机会运行 Wait 之前调用 Add。这意味着你无法在正在等待的
　　goroutine 中使用 WaitGroup 调用 Add，因为无法保证 goroutine 会在 Wait 被调用
　　之前运行。

❑　最终必须调用 Done。最安全的方法是在 goroutine 内部使用 defer 语句，这样的
　　话，如果 goroutine 逻辑发生变化或者以意外方式返回（如恐慌），则会调用 Done。

有时，同时使用等待组和通道可能会导致一些先有鸡还是先有蛋的问题：你必须在
Wait 之后关闭通道，但除非你关闭通道，否则 Wait 不会终止。

来看下面的程序：

```
 1: func main() {
 2:     ch := make(chan int)
 3:     var wg sync.WaitGroup
 4:     for i := 0; i < 10; i++ {
 5:         wg.Add(1)
 6:         go func(i int) {
 7:             defer wg.Done()
 8:             ch <- i
 9:         }(i)
10:     }
11:     // 没有 goroutine 从 ch 通道中读取
12:     // 没有 goroutine 将返回
13:     // 因此这将在 Wait 之下形成死锁
14:     wg.Wait()
15:     close(ch)
16:     for i := range ch {
17:         fmt.Println(i)
```

```
18:        }
19: }
```

一种可能的解决方案是在 Wait 之前将第 16～18 行的 for 循环放入一个单独的 goroutine 中，这样就会有一个 goroutine 从通道中读取数据。由于通道将被读取，所有 goroutine 将终止，这将释放 wg.Wait，并关闭通道，终止读取器 for 循环：

```
go func() {
    for i := range ch {
        fmt.Println(i)
    }
}()
wg.Wait()
close(ch)
```

另一种解决方案如下：

```
go func() {
    wg.Wait()
    close(ch)
}()
for i := range ch {
    fmt.Println(i)
}
```

可以看到，等待组现在正在另一个 goroutine 中等待，在所有等待的 goroutine 返回后，它会关闭通道。

2.6　条件变量

条件变量与之前的并发原语的不同之处在于，对于 Go 语言来说，它们并不是必要的并发工具，因为在大多数情况下，条件变量都可以用通道代替。当然，条件变量仍然是重要的同步工具（尤其是对于共享内存系统而言）。例如，Java 语言就经常使用条件变量构建其核心同步功能之一。

并发计算的一个众所周知的问题是生产者-消费者（producer-consumer）问题。有一个或多个生产者线程都可以产生一个值，而这些值又由一个或多个消费者线程使用。由于所有生产者和消费者都是并发运行的，有时生产的值不足以满足所有消费者，有时又没有足够的消费者来使用生产者已产生的值。

通常会使用一个有限的值队列，生产者将自己产生的值放入其中，而消费者则从中检索自己需要的值。

现在这个问题已经有一个优雅的解决方案：使用通道。所有生产者都向通道中写入值，而所有消费者都从通道中读取值，这样问题自然就解决了。

但是，在共享内存系统中，通常会使用条件变量来应对这种情况。条件变量（condition variable）是一种同步机制，其中有多个 goroutine 等待一个条件发生，而另一个 goroutine 则向等待的 goroutine 宣布该条件的发生。

条件变量支持以下 3 种操作。

❑　Wait：阻塞当前的 goroutine，直到条件发生。

❑　Signal：当条件发生时唤醒等待的 goroutine 之一。

❑　Broadcast：当条件发生时唤醒所有等待的 goroutine。

与其他并发原语不同，条件变量需要互斥体。该互斥体用于锁定修改条件的 goroutine 中的临界区。条件是什么并不重要；重要的是，条件只能在临界区中进行修改，并且必须通过锁定用于构造条件变量的互斥体来进入该临界区中。

示例代码如下：

```
lock := sync.Mutex{}
cond := sync.NewCond(&lock)
```

现在让我们使用这个条件变量来实现生产者-消费者问题。我们的生产者将产生整数并将它们放入一个循环队列中。该队列的容量是有限的，因此如果队列已满，则生产者必须等待，直到有消费者从队列中使用了值。

这意味着我们需要一个条件变量，它将使生产者等待，直到消费者使用了一个值。当消费者使用了一个值时，队列就会腾出更多的空间，这样生产者就可以使用它，但使用该值的消费者必须向等待的生产者发出信号，表明有可用空间。

类似地，如果消费者在生产者生成新值之前使用完所有值，则消费者必须等待，直到有新值可用。因此，我们需要另一个条件变量，它将使消费者等待，直到生产者产生出一个值。当生产者产生出新值时，它必须向等待的消费者发出有新值可用的信号。

让我们从一个简单的循环队列实现开始：

```
type Queue struct {
    elements        []int
    front, rear     int
    len             int
}
```

```go
// 新队列将初始化为一个空的循环队列
// 队列容量是给定的
func NewQueue(capacity int) *Queue {
    return &Queue{
    elements: make([]int, capacity),
    front: 0, // 读取自 elements[front]
    rear: -1, // 写入 elements[rear]中
    len: 0,
    }
}


// Enqueue 可将一个值添加到队列中
// 如果队列已满，则返回 false
func (q *Queue) Enqueue(value int) bool {
    if q.len == len(q.elements) {
        return false
    }
    // 使写入指针向前，以形成一个循环
    q.rear = (q.rear + 1) % len(q.elements)
    // 写入值
    q.elements[q.rear] = value
    q.len++
    return true
}


// Dequeue 将从队列中删除一个值
// 如果队列已空，则返回 0, false
func (q *Queue) Dequeue() (int, bool) {
    if q.len == 0 {
        return 0, false
    }
    // 读取在读取指针处的值
    data := q.elements[q.front]
    // 使读取指针向前，以形成一个循环
    q.front = (q.front + 1) % len(q.elements)
    q.len--
    return data, true
}
```

我们需要一个锁、两个条件变量和一个循环队列：

```
func main() {
    lock := sync.Mutex{}
    fullCond := sync.NewCond(&lock)
    emptyCond := sync.NewCond(&lock)
    queue := NewQueue(10)
```

以下是 producer 函数。它将无限循环运行，产生随机整数值：

```
producer := func() {
    for {
        // 产生值
        value := rand.Int()
        lock.Lock()
        for !queue.Enqueue(value) {
            fmt.Println("Queue is full")
            fullCond.Wait()
        }
        lock.Unlock()
        emptyCond.Signal()
        time.Sleep(time.Millisecond *
        time.Duration(rand.Intn(1000)))
    }
}
```

　　生产者可生成一个随机整数，进入其临界区，并尝试将该值放入队列中。如果成功，它会解锁互斥体并向其中一个消费者发出信号，让它知道已经生成了一个值。如果此时没有消费者在等待 emptyCond 变量，则信号将丢失。但是，如果队列已满，则生产者将开始等待 fullCond 变量。

　　请注意，Wait 是在临界区中被调用的，此时互斥体被锁定。调用时，Wait 以原子方式解锁互斥体并暂停 goroutine 的执行。

　　在等待期间，生产者不再处于其临界区，从而允许消费者进入自己的临界区中。当消费者使用了一个值时，它将发出 fullCond 信号，这将唤醒等待的生产者之一。

　　当生产者被唤醒时，它将再次锁定互斥体。唤醒并锁定互斥体不是原子的，这意味着，当 Wait 返回时，唤醒 goroutine 的条件可能不再成立，因此必须在循环内调用 Wait 来重新检查条件。当重新检查条件时，goroutine 将再次处于其临界区，因此不可能出现竞争条件。

　　consumer 函数示例如下：

```
consumer := func() {
for {
```

```
    lock.Lock()
    var v int
    for {
        var ok bool
        if v, ok = queue.Dequeue(); !ok {
            fmt.Println("Queue is empty")
            emptyCond.Wait()
            continue
        }
        break
    }
    lock.Unlock()
    fullCond.Signal()
    time.Sleep(time.Millisecond *
        time.Duration(rand.Intn(1000)))
    fmt.Println(v)
    }
}
```

请注意生产者和消费者之间的对称性。消费者进入其临界区并尝试将 for 循环内的值出列。如果队列中有值，则读取该值，for 循环终止，并且互斥体被解锁。然后，goroutine 通知任何潜在的生产者已从队列中读取了一个值，因此队列可能未满。

当消费者存在于其临界区并向生产者发出信号时，另一个生产者可能会生成值来填充队列。这就是为什么生产者在醒来时必须再次检查条件。

同样的逻辑也适用于消费者：如果消费者无法读取值，它就会开始等待，当它醒来时，它必须检查队列中是否有可使用的元素。

程序的其余部分如下：

```
for i := 0; i < 10; i++ {
    go producer()
}
for i := 0; i < 10; i++ {
    go consumer()
}
select {} // 无限期等待
```

你可以使用不同数量的生产者和消费者运行该程序，并查看其行为。

当生产者多于消费者时，你应该看到更多队列已满的消息，而当消费者多于生产者时，你应该看到更多队列为空的消息。

2.7　小　　结

本章介绍了 Go 语言支持的两种并发原语 goroutine 和通道,以及 Go 库中的一些基本同步原语。这些原语将在第 3 章中用于解决一些流行的并发问题。

2.8　思　考　题

（1）可以使用通道实现互斥体吗？RWMutex 互斥体怎么样？

（2）大多数条件变量都可以被通道代替。如何使用通道实现 Broadcast？

第 3 章　Go 内存模型

Go 内存模型指定内存写入操作何时对其他 goroutine 可见，更重要的是，何时这些可见性保证不存在。

作为开发人员，我们在开发并发程序时可以遵循一些准则来跳过内存模型的细节。无论如何，如前文所述，明显的错误很容易在质量保证（QA）过程中被发现，而生产环境中发生的错误通常无法在开发环境中重现，你可能被迫通过阅读代码来分析程序行为。发生这种情况时，充分了解内存模型会很有帮助。

本章将讨论以下主题：
- ❑　关于内存模型
- ❑　内存操作之间的 happened-before 关系
- ❑　Go 并发原语的同步特性

3.1　关于内存模型

1965 年，半导体巨头公司英特尔联合创始人戈登·摩尔（Gordon Moore）观察到，密集集成电路中的晶体管数量每年都会增加一倍。后来，在 1975 年，这一数字又被调整为每两年翻一番。由于这些进步，人们很快就可以将大量组件压缩到一个微小的芯片中，从而能够构建更快的处理器。

现代处理器使用许多先进技术，如缓存、分支预测和流水线技术，以最大限度地利用 CPU 上的电路。但是，在 21 世纪初，硬件工程师开始触及单芯片优化的极限。结果就是，他们创造了包含多个核心的芯片。如今，大多数性能考虑因素都是关于单个内核执行指令的速度，以及有多少个内核可以同时运行这些指令。

当这些改进发生时，编译器技术并没有停滞不前。现代编译器可以积极优化程序，使编译后的代码变得面目全非无法识别。换句话说，程序执行的顺序和方式可能与其语句的书写方式完全不同。虽然这些重组不会影响顺序程序的行为，但当涉及多个线程时，它们可能会产生意想不到的后果。

作为一般规则，优化不得改变有效程序的行为——但是我们如何定义有效程序是什么？答案是内存模型。内存模型定义了什么是有效的程序、编译器构建者必须确保什么以及程序员可以期望什么。

换句话说，内存模型是编译器构建者对硬件构建者的回答。作为开发人员，我们必须理解这个答案，以便我们可以创建在不同平台上以相同方式运行的有效程序。

Go 内存模型的说明文档从有效程序的经验法则开始：

修改由多个 goroutine 同时访问的数据的程序必须序列化此类访问。

表述上就这么简单——但实现起来为什么这么难呢？

主要原因可归结为，这需要弄清楚程序语句的效果何时可以在运行时观察到，另外还有一个就是个人认知能力的限制：你根本无法分析并发程序的所有可能的顺序。

熟悉内存模型有助于根据观察到的行为查明并发程序中的问题。

Go 内存模型说明文档中的这句话非常有名：

你如果有信心仅凭阅读完本文档（即 Go 内存模型说明文档）的全文即可理解程序的行为，那么真的是太聪明了。

但是也别自作聪明。

我对这句话的理解是，不要编写依赖于复杂 Go 内存模型的程序。你应该阅读并理解 Go 内存模型。它告诉你可以从运行时（runtime）期望什么，不期望什么。如果有更多的人读懂了这句话，那么 StackOverflow 上有关 Go 并发的提问就会减少。

3.2　内存操作之间的 happened-before 关系

这一切都取决于内存操作在运行时如何排序，以及运行时如何保证这些内存操作的效果何时可以观察到。为了解释 Go 内存模型，我们需要定义 3 种关系，它们定义了内存操作的不同顺序。

在任何 goroutine 中，内存操作的顺序必须与由控制流语句和表达式求值顺序确定的 goroutine 的正确顺序执行相对应。这种顺序就是先序（sequenced-before）关系。当然，这并不意味着编译器必须按照程序编写的顺序执行程序。只要变量的内存读取操作读取到写入该变量的最后一个值，编译器就可以重新排列语句的执行顺序。

来看下面的程序：

```
1: x=1
2: y=2
```

```
3: z=x
4: y++
5: w=y
```

其中，z 变量将始终被设置为 1，w 变量将始终被设置为 3。第 1 行和第 2 行是内存写入操作。第 3 行读取 x 并写入 z。第 4 行读取 y 并写入 y。第 5 行读取 y 并写入 w。

这些都是显而易见的。可能不明显的一件事是，编译器可以重新排列这段代码，使所有内存读取操作都读取最新写入的值，如下所示：

```
1: x=1
2: z=x
3: y=2
4: y++
5: w=y
```

在这些程序中，每一行的顺序都在其后面的行之前。sequenced-before 关系与语句的运行时顺序有关，并考虑了程序的控制流。

来看以下示例：

```
1: y=0
2: for i:=0;i<2;i++ {
3:       y++
4: }
```

在此程序中，如果第 3 行语句开头的 y 为 1，则当 i=0 时运行的 i++ 语句将排在第 3 行语句之前。

这些都是普通的内存操作。还有一些同步内存操作，其定义如下。

❑ 同步读取操作（synchronizing read operation）：互斥体、通道接收、原子读取以及原子比较和交换操作

❑ 同步写入操作（synchronizing write operation）：互斥体解锁、通道发送和通道关闭、原子写入以及原子比较和交换操作

请注意，原子比较和交换操作既是同步读取又是同步写入。

普通内存操作可用于定义单个 goroutine 内的 sequenced-before 关系。

当涉及多个 goroutine 时，同步内存操作可用于定义同步先序（synchronized-before）关系。也就是说：

如果变量的同步内存读取操作观察到该变量的最后一个同步写入操作，则该同步写入操作将在同步读取操作之前同步。

happened-before 关系实际上是 synchronized-before 和 sequenced-before 关系的组合，具体解释如下：

❑　如果内存写入操作 *w* 在内存读取操作 *r* 之前同步，则 *w* 发生在 *r* 之前。
❑　如果内存写入操作 *x* 排序在 *w* 之前，内存读取操作 *y* 排序在 *r* 之后，则 *x* 发生在 *y* 之前。

来看一个程序示例：

```go
go func() {
    x = 1
    ch <- 1
}()
go func() {
    <-ch
    fmt.Println(x)
}()
```

图 3.1 对上述程序进行了图示说明。

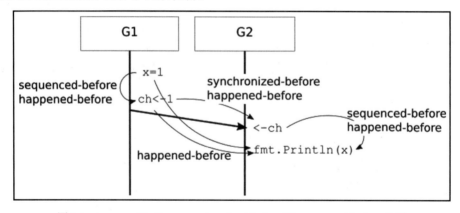

图 3.1　happened-before、synchronized-before 和 sequenced-before 关系

但是，以下修改则存在数据竞争。当第一个 goroutine 向通道中发送 1 并且第二个 goroutine 接收到它后，x++和 fmt.Println(x)是并发的：

```go
go func() {
    for {
        x ++
        ch <- 1
    }
}()
go func() {
```

```
    for range ch {
        fmt.Println(x)
    }
}()
```

这里要强调的是，happened-before 关系很重要，因为内存读取操作需要保证看到之前发生的内存写入操作的效果。如果你怀疑存在竞争条件，则确定哪些操作先于其他操作发生可以帮助查明任何问题。

一般经验法则是，内存写入操作如果发生在内存读取操作之前，则不能并发，这样就不会导致数据竞争。如果无法在写入操作和读取操作之间建立 happened-before 关系，那么它们就是并发的。

3.3　Go 并发原语的同步特性

在定义了 happened-before 关系之后，现在很容易为 Go 内存模型奠定基本规则。

3.3.1　包初始化

如果包 A 导入另一个包 B，则包 B 中的所有 init()函数都会在包 A 中的 init()函数开始之前完成。

以下程序始终可以在 A initializing 之前输出 B initializing：

```
package B

import "fmt"

func init() {
    fmt.Println("B initializing")
}
---
package A

import (
    "fmt"
    "B"
)

func init() {
```

```
    fmt.Println("A initializing")
}
```

这样的规则也扩展到主包：由程序的主包直接或间接导入的所有包在 main()开始之前完成它们的 init()函数。

但是，如果 init()函数创建了一个 goroutine，则不能保证该 goroutine 会在 main()开始运行之前完成。这些 goroutine 是同时运行的。

3.3.2　goroutine

如果程序启动一个 goroutine，则 go 语句会在 goroutine 执行开始之前进行同步（因此 go 语句的执行会先发生）。

以下程序将始终输出 Before goroutine，因为对 a 的赋值发生在 goroutine 开始运行之前：

```
a := "Before goroutine"
go func() { fmt.Println(a) }()
select {}
```

goroutine 的终止不与程序中的任何事件同步。

以下程序可能会输出 0 或 1，因为存在数据竞争：

```
var x int
go func() { x = 1 }()
fmt.Println(x)
select {}
```

换句话说，一个 goroutine 在启动之前会看到所有更新，并且一个 goroutine 不能说出任何有关另一个 goroutine 的终止信息，除非与另一个 goroutine 进行显式通信。

3.3.3　通道

无缓冲通道上的发送或关闭操作在该通道的接收完成之前进行同步（因此发送或关闭操作先发生）。无缓冲通道上的接收操作在该通道上相应的发送操作完成之前进行同步（因此接收操作先发生）。换句话说，如果一个 goroutine 通过无缓冲通道发送一个值，则先是接收 goroutine 将完成该值的接收，然后才是发送 goroutine 将完成该值的发送。这就好比商家给你发货，你需要先签收，然后商家才算是完成了他的交易。

以下程序始终输出 1：

```
var x int
ch := make(chan int)
```

```
go func() {
    <-ch
    fmt.Println(x)
}()
x = 1
ch <- 0
select {}
```

在此程序中，对 x 的写入排在通道写入之前，通道写入在通道读取之前进行同步。输出排在通道读取之后，因此对 x 的写入发生在 x 的输出之前。

以下程序也将输出 1：

```
var x int
ch := make(chan int)
go func() {
    ch <- 0
    fmt.Println(x)
}()
x = 1
<- ch
select {}
```

如何将这种保证扩展到有缓冲的通道中？如果通道的容量为 C，则在单个接收操作完成之前，多个 goroutine 可以发送 C 个项目。事实上，第 n 个通道的接收是在该通道上第 n+C 个发送完成之前同步的。

图 3.2 显示了容量为 2 的通道。

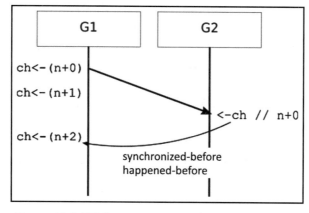

图 3.2　缓冲通道的 happened-before 保证（capacity = 2）

该程序创建了 10 个工作 goroutine，有 5 个实例共享资源。所有 10 个工作线程都将处理队列中的作业，但在任何给定时间最多有 5 个工作线程可以使用该资源：

```
resources := make(chan struct{}, 5)
jobs := make(chan Work)
for worker := 0; worker < 10; worker++ {
    go func() {
        for work := range <-jobs {
            // 执行作业
            // 获取资源
            resources <- struct{}{}
            // 使用资源
            <-resources
        }
    }()
}
```

简而言之，在通道接收之后，接收 goroutine 会看到相应发送之前的所有更新，而在通道发送之后，发送 goroutine 会看到相应接收之前的所有操作。

3.3.4　互斥体

假设两个 goroutine G1 和 G2 尝试通过锁定共享互斥体来进入其临界区。另外，假设 G1 锁定了互斥体（第一次调用 Lock()），并且 G2 被阻塞。当 G1 解锁互斥体（第一次调用 Unlock()）时，G2 锁定它（第二次调用 Lock()）。解锁 G1 是在 G2 被锁定之前同步的（因此解锁 G1 发生在 G2 被锁定之前）。结果就是，G2 可以看到 G1 在其临界区进行的内存写入操作的效果。

一般来说，对于互斥体 M，当 i>0 时，M.Unlock() 的第 n 次调用在第 (n+i) 次 M.Lock() 返回之前被同步（因此 M.Unlock() 的第 n 次调用先发生）：

```
func main() {
    var m sync.Mutex
    var a int
    // 在 main goroutine 中锁定互斥体
    m.Lock()
    done := make(chan struct{})
    // G1
    go func() {
        // 这将锁定直至 G2 解锁互斥体
        m.Lock()
```

```
        // a=1 先发生, 所以这将输出 1
        fmt.Println(a)
        m.Unlock()
        close(done)
    }()
    // G2
    go func() {
        a = 1
        // G1 将阻塞直至该语句运行
        m.Unlock()
    }()
    <-done
}
```

即使第一个 goroutine 首先运行, 该程序也将始终输出 1。

总结一下: 如果互斥体成功, 则相应解锁之前发生的所有事情都是可见的。

3.3.5　原子内存操作

sync/atomic 包提供了低级原子内存读取和内存写入操作。如果原子写入操作的效果被原子读取操作观察到, 则原子写入操作在该原子读取操作之前被同步。

以下程序始终输出 1, 这是因为 if 块中的 print 语句仅在原子存储操作完成后才会运行:

```
func main() {
    var i int
    var v atomic.Value
    go func() {
        // 该 goroutine 最终将在 v 中存储 1
        i = 1
        v.Store(1)
    }()
    go func() {
        // busy-waiting
        for {
            // 该语句将持续检查直至 v 值为 1
            if val, _ := v.Load().(int); val == 1 {
                fmt.Println(i)
                return
            }
        }
```

```
    }()
    select {}
}
```

3.3.6　Map、Once 和 WaitGroup

这些都是更高级的同步实用程序，可以通过前面解释的操作进行建模。

sync.Map 提供了一个线程安全的映射实现，你无须额外的互斥体即可使用。如果元素被写入一次但读取多次，或者如果多个 goroutine 使用不相交的键集，则此映射实现可以优于与互斥体相结合的内置映射。对于这些用例，sync.Map 提供了更好的并发使用，但没有内置映射的类型安全性。

缓存是 sync.Map 的良好用例，下文将展示一个简单缓存的示例。

对于 sync.Map，写入操作发生在观察该写入效果的读取操作之前。

sync.Once 提供了一种在存在多个 goroutine 的情况下初始化某些东西的便捷方法。初始化由传递给 sync.Once.Do() 的函数执行。当多个 goroutine 调用 sync.Once.Do() 时，其中一个 goroutine 执行初始化，而其他 goroutine 则被阻塞。初始化完成后，sync.Once.Do() 不再调用初始化函数，并且不会产生任何显著开销。

Go 内存模型保证，如果其中一个 goroutine 导致初始化函数运行，则该函数的完成发生在所有其他 goroutine 的 sync.Once() 返回之前。

以下是一个缓存实现示例，使用了 sync.Map 作为缓存，并使用 sync.Once 来保证元素初始化。每个缓存的数据元素都包含一个 sync.Once 实例，该实例用于阻止其他 goroutine 尝试加载具有相同 ID 的元素，直到初始化完成：

```
type Cache struct {
    values sync.Map
}

type cachedValue struct {
    sync.Once
    value *Data
}

func (c *Cache) Get(id string) *Data {
    // 获取缓存的值，或存储一个空值
    v, _:=c.values.LoadOrStore(id,&cachedValue{})
    cv := v.(*cachedValue)
```

```
    // 如果尚未初始化，则在这里初始化
    cv.Do(func() {
        cv.value=loadData(id)
    })
    return cv.value
}
```

对于 WaitGroup 来说，对 Done()的调用会在它解除阻塞的 Wait()调用返回之前进行同步（因此对 Done()的调用先发生）。

以下程序始终输出 1：

```
func main() {
    var i int
    wg := sync.WaitGroup{}
    wg.Add(1)
    go func() {
        i = 1
        wg.Done()
    }()
    wg.Wait()
    // 如果我们到达这里，说明 wg.Done 被调用，因此 i=1
    fmt.Println(i)
}
```

总结一下：

❑　sync.Map 的读取操作返回最后写入的值。

❑　如果多个 goroutine 调用 sync.Once，则只有一个会运行初始化，其他的会等待，一旦初始化完成，它的效果就会对所有等待的 goroutine 可见。

❑　对于 WaitGroup 来说，当 Wait 返回时，所有 Done 调用都已完成。

3.4　小　　　结

如果你始终序列化对多个 goroutine 之间共享的变量的访问，则无须了解 Go 内存模型的所有细节。但是，当你读取、编写、分析和配置并发代码时，Go 内存模型可以提供很好的见解，指导你创建安全高效的程序。

第 4 章将开始研究一些有趣的并发算法。

3.5　延　伸　阅　读

❑　The Go Memory Model（Go 内存模型说明文档）：

https://go.dev/ref/mem

❑　Go's Memory Model（Go 的内存模型），Go 语言开发核心团队领导 Russ Cox
于 2016 年 2 月 25 日的演讲：

http://nil.csail.mit.edu/6.824/2016/notes/gomem.pdf

第 4 章　一些众所周知的并发问题

本章介绍一些具有许多实际应用的著名并发问题。

本章将讨论以下主题：

❑　生产者-消费者问题

❑　哲学家就餐问题

❑　速率限制

你将在本章看到这些问题的多种实现，以及有关如何处理并发问题的一些实际思考。

4.1　技 术 要 求

本章源代码可在本书配套 GitHub 存储库中找到，其网址如下：

https://github.com/PacktPublishing/Effective-Concurrency-in-Go/tree/main/chapter4

4.2　生产者-消费者问题

在第 3 章"Go 内存模型"中，我们使用条件变量实现了生产者-消费者问题的一个版本，并提到大多数时候，条件变量可以用通道代替。本章研究的多个生产者-消费者实现将证明这一点。

一些并发问题（如生产者-消费者问题）本质上是消息传递问题，尝试使用共享内存实用程序解决这些问题会导致不必要的复杂和冗长的代码。

生产者-消费者问题的核心是有限的中间存储。从较高层面上来说，生产者-消费者问题包含以不同速率生产对象的进程，以及以不同速率使用这些对象的消费者。这二者之间的存储空间有限，因此用于存储所生产对象的存储空间必须得到有效释放，而释放的方式就是消费者使用已存储的对象。

生产者-消费者问题与任何必须在对象的生产与其消费之间建立平衡的系统相关。例如，工厂生产的货物必须存放在某个地方直到出售。如果生产过多造成积压，就必须放慢生产速度；如果需求太多导致供货不足，就必须增加产量。

在这里让我们再次从 Go 语言并发编程的角度阐释生产者-消费者问题。有一个或多个生产者 goroutine 生成值，并且有一个或多个消费者 goroutine 以某种方式使用这些值。我们将编写生产者 goroutine，以便可以使用来自主 goroutine 的信号来停止它。当所有生产者停止时，消费者也应该停止。

我们将对该程序进行多次迭代。我们的目标是说明如何通过从最简单的功能代码开始，然后迭代地增强它以最终开发出更好的版本来实现这样的程序。因此，以下代码对于生产者来说是一个好的开始：

```go
func producer(index int, done <-chan struct{}, output chan<-
int) {
    for {
        // 生成一个值
        value := rand.Int()
        // 等待一会儿
        time.Sleep(time.Millisecond*
            time.Duration(rand.Intn(1000)))
        // 发送该值
        select {
        case output <- value:
        case <-done:
            return
        }
        fmt.Printf("Producer %d sent %d\n", index, value)
    }
}
```

该函数首先生成一个随机值，等待一段时间，然后将该值发送到通道。index 参数仅用于输出生产者的哪个实例产生了特定值。

当值被发送到通道时，该函数还会检查完成通道是否被触发（通过关闭它），如果是，则返回。该函数将在 goroutine 中运行，因此从该函数返回也会终止该 goroutine。

现在让我们编写一个 consumer 函数：

```go
func consumer(index int, input <-chan int) {
    for value := range input {
        fmt.Printf("Consumer %d received %d\n", index, value)
    }
}
```

该 consumer 函数将获取消费者 goroutine 索引和数据通道。它只是侦听数据通道并输出它接收到的值。当输入通道关闭时，consumer 函数将终止。

现在可以将它们连接起来：

```
func main() {
    doneCh := make(chan struct{})
    dataCh := make(chan int, 0)
    for i := 0; i < 10; i++ {
        go producer(i, doneCh, dataCh)
    }
    for i := 0; i < 10; i++ {
        go consumer(i, dataCh)
    }
    select {}
}
```

可以看到，该程序创建了一个 date 通道和一个 done 通道，启动 10 个生产者和 10 个消费者，并无限期运行。

与条件变量版本相比，你可以看到该程序的简单性。无须担心锁定共享对象，因为没有共享对象，也无须担心缓冲生产者所生成数据的问题。该通道将负责处理所有这些问题。

多个生产者将数据放到通道上，消费者将被随机分配来接收和处理这些数据，所有这些都由运行时管理。

但该程序还没有完成，因为没有办法优雅地终止它。

首先，我们可以用延迟替换 select{}语句，该延迟将用于运行程序一段时间（10s），然后关闭完成通道：

```
// select {}
time.Sleep(time.Second * 10)
close(doneCh)
```

但这还不够。我们关闭了通道并广播了终止所有生产者的请求。现在，我们必须等待它们真正终止。这可以通过 WaitGroup 来完成：

```
producers := sync.WaitGroup{}
for i := 0; i < 10; i++ {
    producers.Add(1)
    go producer(i, &producers, doneCh, dataCh)
}
...
time.Sleep(time.Second * 10)
close(doneCh)
producers.Wait()
```

还必须修改生产者函数以适应这种情况：

```
func producer(index int, wg *sync.WaitGroup, done chan
struct{}, output chan<- int) {
    defer wg.Done()
...
```

通过这些更改，我们现在在运行程序 10 s 后向生产者发出信号（close(done)），然后等待它们完成。一旦完成，我们就可以向消费者发出终止信号。

我们不使用 done 通道来实现此目的，是因为我们希望消费者仅在处理完所有数据元素后才终止。为此，我们将在所有生产者完成后关闭 dataCh。

关闭 dataCh 将终止消费者中的 for 循环，允许这些 for 循环返回。这一次，我们必须使用不同的等待组等待所有 for 循环都完成。

已完成的 main 函数示例如下：

```
func main() {
    doneCh := make(chan struct{})
    dataCh := make(chan int)
    producers := sync.WaitGroup{}
    consumers := sync.WaitGroup{}
    for i := 0; i < 10; i++ {
        producers.Add(1)
        go producer(i, &producers, doneCh, dataCh)
    }
    for i := 0; i < 10; i++ {
        consumers.Add(1)
        go consumer(i, &consumers, dataCh)
    }
    time.Sleep(time.Second * 10)
    close(doneCh)
    producers.Wait()
    close(dataCh)
    consumers.Wait()
}
```

对于消费者来说，明显的变化如下：

```
func consumer(index int, wg *sync.WaitGroup, input <-chan int)
{
    defer wg.Done()
...
```

你可能会注意到，与使用条件变量的版本相比，使用简单通道大大降低了实现的复杂性。

回到本节开头的工厂生产和消费者购物类比，通道非常准确地模拟了"各方之间的货物转移"。通过使用具有不同容量的通道并调整生产者和消费者的数量，你可以针对特定负载模式微调系统的行为。

请记住，此类调整和优化活动应该只有在实现有效工作之后并且只有在测量基线行为之后，才会执行。在观察程序如何运行之前，切勿尝试优化程序。先让程序运行起来，然后才能对其进行优化。

4.3　哲学家就餐问题

第 1 章"并发——高级概述"已经讨论了哲学家就餐问题，同时在更高层次上讨论了并发。这是临界区研究中的一个重要问题。

哲学家就餐问题看起来是人为设计的，但它显示了一个在现实世界中经常出现的问题：进入临界区可能需要获取多个资源（互斥体）。任何时候只要有一个依赖于多个互斥体的临界区，就有可能出现死锁和饥饿。

现在我们将研究 Go 中解决该问题的一些解决方案。我们将从重述该问题开始：

有五位哲学家在同一张圆桌上一起用餐。有五个盘子，每位哲学家面前一个，每个盘子之间有一把叉子，总共五把叉子。他们吃的菜肴要求他们使用两把叉子，一把在左边，另一把在右边。每位哲学家都会思考一段随机的时间，然后吃一会儿。为了进餐，哲学家必须获得两把叉子，一把在哲学家盘子的左边，一把在右边。

对于第一个解决方案，我们将使用 5 个代表哲学家的 goroutine 和 5 个代表叉子的互斥体。当哲学家 goroutine 决定进餐时，他必须锁定两个互斥体。该模型如图 4.1 所示。

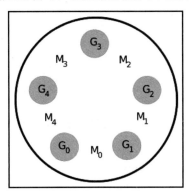

图 4.1　使用 goroutine 和互斥体的哲学家就餐问题

哲学家 goroutine 如下：

```
 1: func philosopher(index int, firstFork, secondFork *sync.Mutex) {
 2:     for {
 3:         // 思考一段时间
 4:         fmt.Printf("Philosopher %d is thinking\n", index)
 5:         time.Sleep(time.Millisecond*time.Duration(rand.Intn(1000)))
 6:         // 拿起叉子
 7:         firstFork.Lock()
 8:         secondFork.Lock()
 9:         // 进餐
10:         fmt.Printf("Philosopher %d is eating\n", index)
11:         time.Sleep(time.Millisecond*time.Duration(rand.Intn(1000)))
12:         secondFork.Unlock()
13:         firstFork.Unlock()
14:     }
15:}
```

在第 4 行中，哲学家思考了随机一段时间。尚未拾取任何叉子，因此互斥体尚未被锁定。然后，在第 7 行中，哲学家拿起第一把叉子，如果该叉子已经被旁边的哲学家使用，则该哲学家会被阻塞，直到该叉子被放下。然后，哲学家拿起第二把叉子，同样，如果该叉子正在被另一位哲学家使用，则该哲学家必须等待。获得两把叉子后，哲学家开始进餐，并在用餐随机一段时间后，放下两把叉子。

在使用以下 main 函数的情况下，这种实现很容易出现死锁：

```
func main() {
    forks := [5]sync.Mutex{}
    go philosopher(0, &forks[4], &forks[0])
    go philosopher(1, &forks[0], &forks[1])
    go philosopher(2, &forks[1], &forks[2])
    go philosopher(3, &forks[2], &forks[3])
    go philosopher(4, &forks[3], &forks[4])
    select {}
}
```

现在来分析该算法死锁的原因。

先找出 goroutine 可以被阻塞的位置。哲学家 goroutine 可以在第 7 行和第 8 行被阻塞。你应该还记得，要发生死锁，条件之一是至少有一个 goroutine 必须独占互斥体（科夫曼条件）。这意味着，至少有一个 goroutine 必须成功执行第 7 行并锁定互斥体。

另一个条件是，至少有一个 goroutine 必须在等待另一个 goroutine 持有的互斥体，同时它自己也持有互斥体。也就是说，至少有一个 goroutine 必须在第 8 行被阻塞。这也意味着，如果出现死锁，那么至少有一个 goroutine 必须在第 8 行。

该实现保证了第三个科夫曼条件：只有锁定互斥体的 goroutine 才能解锁它。

假设系统已经陷入死锁。我们可以列出每个 goroutine 持有哪些互斥体（叉子），以及被阻塞的 goroutine 在等待哪些互斥体。

图 4.2 显示了这样一张表。其中，G0～G4 代表 goroutine，f0～f4 代表 goroutine 锁定的叉子（互斥体）以及被阻塞的 goroutine 在等待的叉子。

G0		G1		G2		G3		G4	
已锁定	被阻塞	已锁定	被阻塞	已锁定	被阻塞	已锁定	被阻塞	已锁定	被阻塞
	f4							f3, f4	
f4	f0	f0	f1	f1	f2	f2	f3	f3	f4

图 4.2　列出锁定的互斥体和被阻塞的 goroutine 以查找死锁

我们首先假设一个 goroutine 在尝试锁定互斥体时被阻塞，然后向后查看是否可以达到死锁状态。例如，我们通过输入 G0 在 f4 处被阻塞来开始填写第一行。这意味着 G4 已经锁定了 f4。要发生这种情况，G4 也必须锁定 f3。这意味着 G4 进入了临界区，这不可能是死锁。

第二行显示了死锁情况。G0 锁定 f4，但在 f0 上被阻塞，G1 锁定了 f0，但在 f1 上被阻塞，以此类推，G4 锁定了 f3 并在 f4 上被阻塞。由于这种循环依赖，所有 goroutine 都无法进入其临界区。这正是科夫曼条件中的第四个，因此实际上可能会出现死锁。

因此，结论就是：如果所有 goroutine 在其中任何一个 goroutine 可以运行第 8 行之前都依次运行第 7 行，那么程序就会死锁。

我们能打破这个循环吗？事实上：如果我们可以改变一位哲学家拿起叉子的顺序，那么这个循环就会被打破。例如，如果第一位哲学家首先拿起右边的叉子，而其他所有哲学家都拿起左边的叉子，则不会出现死锁：

```
func main() {
    forks := [5]sync.Mutex{}
    go philosopher(0, &forks[0], &forks[4])
    go philosopher(1, &forks[0], &forks[1])
    go philosopher(2, &forks[1], &forks[2])
    go philosopher(3, &forks[2], &forks[3])
    go philosopher(4, &forks[3], &forks[4])
    select {}
}
```

不过，这样 goroutine 就不再相同，因此我们必须做更多的工作来证明死锁不会发生。

详尽的列表需要我们为每个 goroutine 填写所有可能的选项。也就是说，一个选项用于在第 7 行进行阻塞，而另一个选项用于在第 7 行进行锁定并在第 8 行进行阻塞。

由于对称的实现，我们在图 4.3 中描述了 G0 和 G1 的情况。

G0		G1		G2		G3		G4	
已锁定	被阻塞	已锁定	被阻塞	已锁定	被阻塞	已锁定	被阻塞	已锁定	被阻塞
	f0	f0	f1	f1	f2	f2	f3	f3, f4	
f0	f4							f3, f4	
f0			f0	f1	f2	f2	f3	f3, f4	
			f0	f0	f1				

图 4.3　列出锁定的互斥体和被阻塞的 goroutine 以查找死锁

在第 1 行中，我们假设 G0 在第 7 行被阻塞，这意味着 G1 锁定了 f0 并在 f1 处被阻塞，这也意味着 G2 锁定了 f1 并在 f2 处被阻塞，以此类推。最后，我们看到 G4 可以进入临界区了。

第 2 行描述了 G0 锁定 f0 但在 f4 处被阻塞的情况。第 3 行描述了 G1 在锁定 f0 时被阻塞的情况（第 7 行）。

第 4 行显示了一种不可能的情况。我们假设 G2 锁定了 f0 但在 f1 上被阻塞，这意味着 G1 在 f0 上被阻塞。但这也意味着 G1 无法锁定 f1，因此 G2 也无法在 f1 上被阻塞。

如果继续这个过程，你将观察到每一行要么像第 4 行那样存在不一致，要么其中一个 goroutine 能够进入其临界区，这意味着不存在死锁。

许多并发库，包括 Go 的更高版本，都为互斥体提供了 TryLock 方法。这看起来似乎是一个无害的功能：如果无法锁定互斥体，就做其他事情。事实上，令人惊讶的是，TryLock 有用的情况很少。你必须记住，当你调用 TryLock 并收到无法锁定互斥体的指示时，该互斥体可能是可锁定的。

TryLock 的一种可能用途是预防死锁：

```go
func philosopher(index int, leftFork, rightFork *sync.Mutex) {
    for {
        fmt.Printf("Philospher %d is thinking\n", index)
        time.Sleep( time.Millisecond*
                    time.Duration(rand.Intn(1000)))
        // 拿起左边的叉子
        leftFork.Lock()
        // 拿起右边的叉子
        if rightFork.TryLock() {
            // 进餐
```

```
        fmt.Printf("Philosopher %d is eating\n",
                    index)
        time.Sleep( time.Millisecond*
                    time.Duration(rand.Intn(1000)))
        rightFork.Unlock()
    }
    leftFork.Unlock()
  }
}
```

在这个实现中，哲学家 goroutine 先拿起左边的叉子，然后尝试拿起右边的叉子。如果失败，他会将左边的叉子放回去并继续思考。这样虽然不会发生死锁，但容易发生忙碌空转（busy-spinning），导致饥饿。

有一种可能是，哲学家 goroutine 花了很长时间思考，他拿起左边的叉子，随后把它放回原处。每次他拿起（锁定）右边的叉子失败时，左边的叉子就会被放下并锁定，从而消除了它在 goroutine 队列中等待更长时间可能具有的任何优势。

是否存在不使用 TryLock 且不依赖锁顺序的无死锁实现？想要找到这样的答案，请参阅以下通道实现：

```go
func philosopher(index int, leftFork, rightFork chan bool) {
    for {
        // 思考一段时间
        fmt.Printf("Philospher %d is thinking\n", index)
        time.Sleep(time.Duration(rand.Intn(1000)))
        select {
        case <-leftFork:
            select {
            case <-rightFork:
                fmt.Printf("Philosopher %d
                            is eating\n", index)
                time.Sleep(time.Millisecond*
                    time.Duration(rand.Intn(1000)))
                rightFork <- true
            default:
            }
        leftFork <- true
        }
    }
}

func main() {
```

```
    var forks [5]chan bool
    for i := range forks {
        forks[i] = make(chan bool, 1)
        forks[i] <- true
    }
    go philosopher(0, forks[4], forks[0])
    go philosopher(1, forks[0], forks[1])
    go philosopher(2, forks[1], forks[2])
    go philosopher(3, forks[2], forks[3])
    go philosopher(4, forks[3], forks[4])
    select {}
}
```

在此实现中，每个叉子都由容量为 1 的通道建模。当叉子在桌子上时，通道中就有一个值。这就是为什么程序首先初始化通道并将值放入通道中（即，将叉子放在桌子上）的原因。要从桌子上取下叉子，哲学家 goroutine 需从通道中读取数据；要放回叉子，哲学家 goroutine 需向通道中写入数据。

所有哲学家都在等待，直至他们拿到左边的叉子。他们一旦拿到了左边的叉子，就会尝试拿右边的叉子。如果这也成功了，哲学家就可以开始进餐；否则，就将左边的叉子放回桌子上，哲学家继续思考。

由此可见，这与使用 TryLock 的互斥体解决方案几乎相同，只不过使用的是通道。

4.4　速　率　限　制

限制资源请求速率对于维持可预测的服务质量非常重要。有多种方法可以实现速率控制。我们将研究同一算法的两种实现。

第一个是令牌桶（token bucket）算法的相对简单的实现，它使用通道、Ticker（周期性定时器）和 goroutine。然后，我们还将研究一种需要更少资源的更高级的实现。

首先，让我们来看看令牌桶算法，并说明它是如何用于速率限制的。

想象一个包含令牌的固定大小的桶。有一个生产者进程以固定速率（例如每秒两个令牌）将令牌存入此桶中。如果桶中有空槽，则此进程每 500 ms 就会向桶中添加一个令牌。如果桶满了，它会再等待 500 ms 并再次检查桶。

还有一个消费者进程，以随机的时间间隔使用令牌。为了让消费者进程继续，它必须获取一个令牌。如果桶是空的，则消费者进程必须等待令牌被存入。

图 4.4 显示了该算法的工作原理。

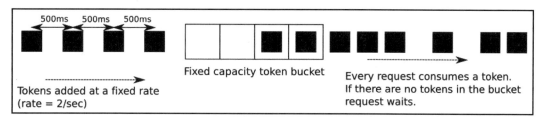

图 4.4　令牌桶算法（limit=4，rate=2）

原　文	译　文
Tokens added at a fixed rate(rate=2/sec)	令牌以固定速率添加到桶中（rate=2 个令牌/秒）
Fixed capacity token bucket	固定容量令牌桶
Every request consumers a token. If there are no tokens in the bucket request waits.	每个请求都使用一个令牌。 如果桶中没有令牌， 则请求需等待。

为了分析这个结构如何用于速率限制，首先我们可以看看它在令牌桶容量为 1、速率为 2 个令牌/秒的情况下的表现。

假设请求是随机出现的，并且我们从一个满的存储桶开始，第一个请求在时间 t=100 ms 时出现并使用令牌。下一个令牌将在时间 t=500 ms 时交付，因此在此之前发出的任何请求都必须等到生成新的令牌。

假设另一个请求在 t=300 ms 时到来，还有一个请求在 t=400 ms 时到来。第一个请求可以在 t=500 ms（生成令牌时）继续，第二个请求可以在 t=1000 ms（生成下一个令牌时）继续。因此，两个请求的发生时间间隔不能小于 500 ms，这从本质上即可将请求速率限制为每秒两个请求。

但是当桶大小大于 1 时会发生什么？比如说，桶可以容纳 4 个令牌（如图 4.4 所示就是如此）。

同样，从满桶开始，假设我们在 t=100 ms、t=110 ms、t=120 ms、t=130 ms 和 t=140 ms 时刻收到突发请求。由于该存储桶已包含 4 个令牌，因此前 4 个请求将使用这些令牌并继续。但是，当在时间 t=140 ms 进行第 5 个请求时，由于桶是空的，因此该请求必须等待，直到 t=500 ms 有新令牌到达时才能继续。

假设接下来的请求在 t=1600 ms、t=1700 ms 和 t=1800 ms 时到来。由于该存储桶在时间 t=1000 ms 和 t=1500 ms 时存有新令牌，因此前两个请求可以在 t=1600 ms 和 t=1700 ms 时继续，但下一个请求则必须等待，直到 t=2000 ms 产生新令牌时才能继续。

所以，令牌桶的容量大于 1 仅意味着它可以处理该大小的突发（burst）数据，但不会违反平均速率限制的要求。在给定的时间内，接受的请求数量仍然是基于按照速率存入的令牌数量。但请求可能会突发到达，只要不超过速率限制，系统就会接受该突发请求。

根据上述讨论，速率限制器可以实现如下所示的接口：

```
type RateLimit interface {
    Wait()
}
```

要限制 HTTP 服务的速率，需要在处理程序之间使用共享的限制器。Wait 调用将延迟处理程序，直到它有时间处理请求：

```
func handle(w http.ResponseWriter,req *http.Request) {
    limiter.Wait()
    // 处理程序请求
}
```

此时，你可能会意识到令牌桶看起来非常像一个通道。事实上，通道提供了一个简单的模型来准确实现该算法所描述的内容。

通道可以作为一个令牌桶，生产者 goroutine 统一将令牌放入通道中，并且可以通过从通道中进行读取来使用令牌。如果通道为空，则读取操作将被阻塞，直到新的令牌被存入桶中。

因此，我们需要一个通道和一个 Ticker。完成后我们还将添加另一个通道来关闭速率限制器：

```
type ChannelRate struct {
    bucket chan struct{}
    ticker *time.Ticker
    done chan struct{}
}
```

在这里，我们使用了 struct{}作为通道类型。struct{}占用 0 字节，Go 可以不为通道缓冲区分配任何内存，因此很好地处理了这个问题。

bucket 通道将持有令牌，done 通道将仅用于在完成后关闭速率限制器。

我们还需要 Ticker 来生成时间事件，以便可以生成令牌。

现在让我们从一个构造函数开始，该函数将初始化结构体成员并填充存储桶：

```
1:func NewChannelRate(rate float64, limit int) *ChannelRate {
2:    ret := &ChannelRate{
3:        bucket: make(chan struct{}, limit),
4:        ticker: time.NewTicker(time.Duration(1 / rate * 1000000000)),
5:        done: make(chan struct{}),
```

```
 6:      }
 7:      for i := 0; i < limit; i++ {
 8:          ret.bucket <- struct{}{}
 9:      }
10:      go func() {
11:          for {
12:              select {
13:                  case <-ret.done:
14:                      return
15:                  case <-ret.ticker.C:
16:                      select {
17:                          case ret.bucket <- struct{}{}:
18:                          default:
19:                      }
20:              }
21:          }
22:      }()
23:      return ret
24:}
```

NewChannelRate 有两个参数，其中 rate 以每秒 rate 个令牌的形式指定生成令牌的速率，limit 则指定存储桶的大小。因此，我们将初始化一个具有 limit 容量的通道，并启动一个周期为 1/rate 的 Ticker（第 2～6 行）。然后，我们将桶装满（第 7～9 行）。

该函数的其余部分是生成令牌的 goroutine（第 10～22 行）。这里有几点需要注意。

首先，如果生成令牌时桶已满，则应该丢弃该令牌（第 16～19 行）。

其次，当 done 通道关闭时，我们必须关闭 Ticker 并终止 goroutine（第 13～14 行）。

请注意生成新令牌时的非阻塞发送。这可以确保 goroutine 在桶已满时不会阻塞。

另请注意，此 goroutine 是一个闭包，因此它将连接到速率限制器实例。

现在，Wait 方法的实现非常简单。以下方法将等待，直到令牌在桶中可用：

```
func (s *ChannelRate) Wait() {
    <-s.bucket
}
```

我们可以使用以下方法优雅地关闭 Ticker：

```
func (s *ChannelRate) Close() {
    close(s.done)
    s.ticker.Stop()
}
```

该限制器的一个潜在问题是，对于限制器的每个实例，它都需要两个额外的

goroutine：一个用于生产者，另一个用于 Ticker。这通常不是问题，特别是当速率限制器用于控制对公共服务的访问时。但如果需要许多速率限制器的实例，那么它可能会开始变得需要大量资源。例如，许多 API 提供商都使用基于客户账户的速率限制。使用此速率限制器时，每个请求都需要 3 个 goroutine：一个为每个客户执行实际工作，另外两个用于对其进行速率限制。

那么问题来了，这可以在不创建任何额外 goroutine 的情况下完成吗？

答案是肯定的。该解决方案的关键是要认识到实际的速率限制仅在令牌被使用时发生。所以，我们不必创建一个 goroutine 定期填充桶，而是只在需要的时候才填充桶，也就是说，只有当我们想要使用令牌而桶中为空的时候才填充桶。

我们可以首先将存储桶通道替换为整数值 nTokens，保留存储桶中的令牌数量。每次使用了一个令牌，就让这个数字减 1。当我们想要使用令牌但桶中为空时，实际工作就完成了，这就是当 nTokens=0 时。

现在先来看图 4.5 中的情况。最后一个令牌是在 t_{last} 时生成的。某个请求使用了该令牌，因此存储桶现在是空的。新的请求来自 t_{req} 时，但这个时间已经足够晚了，以至于在 t_{last} 和 t_{req} 之间已经生成了多个令牌。因此，我们只需通过 $(t_{req} - t_{last})/period$ 来计算桶中应该拥有的令牌数量，然后使用其中一个令牌并继续。最后生成的令牌的新值为 t_{last} + nTokens*period。

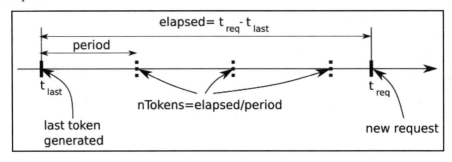

图 4.5　生成多个令牌后出现新请求

原　　　文	译　　　文
elapsed	流逝的时间
period	周期
last token generated	已生成的最后一个令牌
new request	新请求

另一种可能性如图 4.6 所示。这是在生成下一个令牌之前出现新请求的情况。在这种情况下，请求必须等待，直至生成新令牌的时间到来。这个等待的时间等于 t_{last} +

period–t$_{req}$。

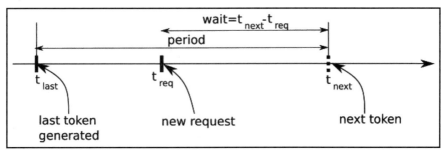

图 4.6　在生成下一个令牌之前出现新请求

原　　　文	译　　　文
wait	等待的时间
period	周期
last token generated	已生成的最后一个令牌
new request	新请求
next token	下一个令牌

基于此，必须将速率限制器的定义做以下修改：

```go
type Limiter struct {
    mu sync.Mutex
    // 桶按每秒 rate 个令牌数填充
    rate int
    // 桶大小
    bucketSize int
    // 桶中令牌数
    nTokens int
    // 最后一个令牌生成的时间
    lastToken time.Time
}
```

现在需要一个互斥体来保护速率限制器变量，因为我们不再有确保互斥的通道。Wait
方法只能由一个 goroutine 调用，所有其他 goroutine 必须等待，直到活动 goroutine 完成。
初始化很简单：

```go
func NewLimiter(rate, limit int) *Limiter {
    return &Limiter{
        rate:       rate,
        bucketSize: limit,
```

```
    nTokens:    limit,
    lastToken:  time.Now(),
  }
}
```

这一次，我们必须将速率和限制变量保留在结构体中，因为我们将使用它们来计算令牌何时生成。

Wait 方法是一切发生的地方：

```
 1: func (s *Limiter) Wait() {
 2:     s.mu.Lock()
 3:     defer s.mu.Unlock()
 4:     if s.nTokens > 0 {
 5:         s.nTokens--
 6:         return
 7:     }
 8:     // 桶中没有足够的令牌
 9:     tElapsed := time.Since(s.lastToken)
10:     period := time.Second / time.Duration(s.rate)
11:     nTokens := tElapsed.Nanoseconds() / period.Nanoseconds()
12:     s.nTokens = int(nTokens)
13:     if s.nTokens > s.bucketSize {
14:         s.nTokens = s.bucketSize
15:     }
16:     s.lastToken = s.lastToken.Add(time.Duration(nTokens) * period)
17:     // 桶已填充。可能令牌不够
18:     if s.nTokens > 0 {
19:         s.nTokens--
20:         return
21:     }
22:     // 必须等待，直到有更多令牌可用
23:     // 令牌应该可用在:
24:     next := s.lastToken.Add(period)
25:     wait := next.Sub(time.Now())
26:     if wait >= 0 {
27:         time.Sleep(wait)
28:     }
29:     s.lastToken = next
30:}
```

第 4～7 行是 Go 社区通常所说的快乐路径（happy path）。此时桶中有令牌，因此我们只需获取一个并返回即可。

如果算法执行到第 9 行，则表示桶中没有令牌。第 9～11 行将根据自上次生成令牌以来经过的时间计算应生成多少个令牌。如果这个数字大于桶的大小，则可以填满桶并扔掉其余的令牌（第 13～15 行）。第 16 行更新最后一个令牌生成时间。

请注意，这里使用的是生成的实际令牌数量，而不仅仅是存储在存储桶中的令牌数量。此时，如果桶中有令牌，我们将其抓取并返回（第 18～21 行）。如果没有，则必须等待。等待的时间是根据当前时间和下一个令牌生成时间计算的（第 24～25 行）。

经过这样的修改之后，该速率限制器无须创建任何额外的 goroutine 即可工作。它比前一种方案需要更少的资源，因此更适合在需要许多速率限制器的环境中使用，例如，在 API 提供商中，其中速率限制是基于 API 的用户配置的。

有一个公开可用的速率限制器包 golang.org/x/time/rate，它使用了与此类似的实现。对于生产环境中的用例，你可以使用该包，因为它提供了更丰富的 API 和上下文支持。这里的上下文支持是必要的，因为正如你所看到的，在我们的方案中，即使请求者取消请求，速率限制器也会继续等待。

4.5　小　　结

本章研究了 3 个众所周知的并发问题，这些问题在处理重要问题时始终会出现。生产者-消费者实现可用于数据处理管道、爬虫设计、设备交互和网络通信等。哲学家就餐问题很好地演示了需要多个互斥体的临界区。最后，速率限制可用于确保服务质量、限制资源利用率和 API 计费等。

第 5 章将开始研究并发编程的更现实的示例，特别是工作池、并发数据管道和扇入/扇出等。

第 5 章 工作池和管道

本章将介绍两个相互关联的并发结构：工作池和管道。工作池（worker pool）将处理在同一计算的多个实例之间的分割工作，而数据管道则可以将工作分割成一系列不同的计算，一个接一个。

在本章中，你将看到工作池和数据管道的若干个有效示例。这些模式可以自然而然地作为许多问题的解决方案出现，并且没有单一的最佳解决方案。我会尝试将并发问题与计算逻辑分开。你如果可以对你的问题执行相同的操作，则可以通过迭代方式找到适合你的用例的最佳解决方案。

本章将讨论以下主题：

- ❑ 工作池
- ❑ 管理、扇出和扇入

5.1 技 术 要 求

本章源代码可在本书配套 GitHub 存储库中获取，其网址如下：

https://github.com/PacktPublishing/Effective-Concurrency-in-Go/tree/main/chapter5

5.2 工 作 池

许多并发 Go 程序都是工作池变体的组合。一个原因可能是通道提供了一种非常好的机制来将任务分配给等待的 goroutine。

工作池只是一个或多个 goroutine 的组合，它们在多个输入实例上执行相同的任务。有以下几个原因可以解释为什么工作池可能比根据需要创建 goroutine 更实用。

（1）在工作池中创建一个工作实例可能会很昂贵（不是创建一个 goroutine，那很便宜，但初始化一个工作 goroutine 可能会很昂贵），因此可以一次性创建固定数量的工作goroutine，然后重复使用它们。

（2）你可能需要无限数量的工作 goroutine，因此你可以一次性创建一个合理数量的工作实例。

无论情况如何，你一旦决定需要一个工作池，就可以反复使用一些易于重复的模式来创建高性能的工作池。

我们在第 2 章 "Go 并发原语" 中第一次看到了一个简单的工作池实现。现在让我们来研究同一模式的一些变体。

我们将开发一个程序，该程序将以递归方式扫描目录并搜索正则表达式匹配，这是一个简单的 grep 实用程序。Work 结构体被定义为包含文件名和正则表达式的结构体：

```
type Work struct {
    file    string
    pattern *regexp.Regexp
}
```

在大多数系统中，你可以打开的文件数量是有限的，因此我们使用固定大小的工作池：

```
func main() {
    jobs := make(chan Work)
    wg := sync.WaitGroup{}
    for i := 0; i < 3; i++ {
        wg.Add(1)
        go func() {
            defer wg.Done()
            worker(jobs)
        }()
    }
...
```

请注意，我们在这里创建了一个 WaitGroup，因此我们可以在程序退出之前等待所有工作线程完成处理。

另外请注意，通过使用包装实际工作线程的匿名函数，我们可以将工作线程本身与 WaitGroup 的机制隔离开来。

然后编译所有 goroutine 将使用的正则表达式：

```
rex, err := regexp.Compile(os.Args[2])
if err != nil {
    panic(err)
}
```

main 函数的其余部分将遍历目录并将文件发送给工作线程：

```
filepath.Walk(os.Args[1], func(path string, d fs.FileInfo, err
error) error {
```

```
    if err != nil {
        return err
    }
    if !d.IsDir() {
        jobs <- Work{file: path, pattern: rex}
    }
    return nil
})
```

最后，终止所有工作线程并等待它们完成：

```
...
close(jobs)
wg.Wait()
}
```

实际的 worker 函数将逐行读取文件并检查是否有任何模式匹配。如果发现匹配，worker 函数会输出文件名和匹配行：

```
func worker(jobs chan Work) {
    for work := range jobs {
        f, err := os.Open(work.file)
        if err != nil {
            fmt.Println(err)
            continue
        }
        scn := bufio.NewScanner(f)
        lineNumber := 1
        for scn.Scan() {
            result := work.pattern.Find(scn.Bytes())
            if len(result) > 0 {
                fmt.Printf("%s#%d: %s\n", work.file,
                lineNumber, string(result))
            }
            lineNumber++
        }
        f.Close()
    }
}
```

请注意，worker 函数将持续运行，直至 jobs 通道关闭。

当程序运行时，每个文件都会被发送到 worker 函数，并且 worker 函数会处理该文件。由于工作池中有 3 个工作线程，因此在任何给定时刻，都是最多会同时处理 3 个文件。

另外请注意，工作线程将同时输出结果，因此每个文件的匹配行是随机交错的。

该工作池将输出结果而不是将其返回给调用者。很多情况下，工作提交后需要从工作池中获取结果。一个比较好的处理方法是在 Work 结构体本身中包含一个返回通道：

```
type Work struct {
    file      string
    pattern *regexp.Regexp
    result   chan Result
}
```

我们可以修改 worker 函数以通过结果通道发送结果。

另外，一旦文件处理完成，不要忘记关闭该结果通道，这样接收端就知道该通道将不再有结果：

```
...
for scn.Scan() {
    result := work.pattern.Find(scn.Bytes())
    if len(result) > 0 {
        work.result <- Result{
            file:       work.file,
            lineNumber: lineNumber,
            text:       string(result),
        }
    }
    lineNumber++
}
close(work.result)
```

这种设计解决了结果交错的问题。

我们可以从一个结果通道中进行读取，直到它完成，然后继续转到下一个。但是我们不能使用同一个 goroutine 来提交作业和读取结果，因为这会导致死锁。你能明白为什么吗？

我们将向工作池提交作业，而没有人监听结果，因此在我们提交足够的作业分配给每个工作线程后，通道发送操作将被阻塞。因此，接收结果的 goroutine 必须与发送结果的 goroutine 不同。我选择将目录遍历器放在它自己的 goroutine 中，并在主 goroutine 中读取结果。

还有一个问题需要解决：如何让接收者 goroutine 了解结果通道呢？

每个已提交的工作都包含一个新的通道，我们必须从中读取其值。我们可以使用切片并将所有这些通道添加到其中，但是该切片需要同步，因为它将从多个 goroutine 中读取和写入。

我们可以使用通道来发送这些结果通道：

```
allResults := make(chan chan Result)
```

我们将把每个新的结果通道发送到 allResults 通道。当主 goroutine 接收到该通道时，它将对其进行迭代以输出结果，并在工作 goroutine 关闭结果通道后停止迭代。然后，它将接收来自 allResults 的下一个通道，并继续输出。

文件遍历器现在看起来像这样：

```
go func() {
    defer close(allResults)
    filepath.Walk(os.Args[1], func(path string,
        d fs.FileInfo, err error) error {
            if err != nil {
                return err
            }
            if !d.IsDir() {
                ch := make(chan Result)
                jobs <- Work{file: path, pattern: rex,
                    result: ch}
                allResults <- ch
            }
            return nil
        })
}()
```

请注意开头的 defer 语句。发送所有文件后，我们将关闭 allResults 通道以发出处理完成的信号。我们使用以下代码读取结果：

```
for resultCh := range allResults {
    for result := range resultCh {
        fmt.Printf("%s #%d: %s\n", result.file,
            result.lineNumber, result.text)
    }
}
```

图 5.1 显示了对该算法的分析。本示例有 3 个 goroutine，从左到右分别是路径遍历器、工作 goroutine 和主 goroutine。该图仅显示了这些 goroutine 的同步点。

最初，路径遍历器开始运行，查找文件，并尝试将 Work 结构体发送到 jobs 通道。工作 goroutine 等待从 jobs 通道接收工作，主 goroutine 等待从 allResults 通道接收结果。

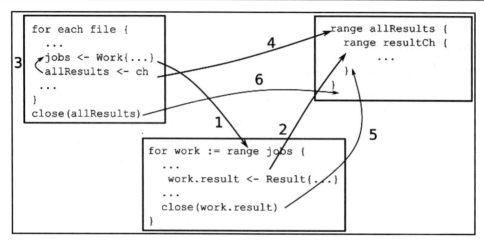

图 5.1　工作池的 happened-before 关系

现在假设有一个工作 goroutine 可用，因此向 jobs 通道的发送取得成功，并且该工作 goroutine 接收到工作（箭头 1）。此时，路径遍历器继续发送到 allResults 通道（箭头 3），这取决于主 goroutine 从该通道的接收结果（箭头 4），因此路径遍历器继续运行，而主 goroutine 开始等待从 resultCh 接收结果。

当所有这些发生时，工作 goroutine 计算结果并将其写入工作的结果通道中，这个结果随后由主 goroutine 接收（箭头 2）。这会一直持续到工作线程完成，因此路径遍历器会关闭结果通道，从而终止主 goroutine 中的循环（箭头 5）。

现在，路径遍历器已准备好发送下一份工作。当路径遍历器完成时，它会关闭 allResults 通道，而这将终止主 goroutine 中的 for 循环（箭头 6）。

还可以使用工作池来执行计算，其结果将在稍后使用（类似于 JavaScript 中的 Promise 或 Java 中的 Future）：

```
resultCh:=make(chan Result)
jobs<-Work{
    file:"someFile",
    pattern: compiledPattern,
    ch:resultCh,
}
// 执行其他任务...
for result := range <-resultCh {
    ...
}
```

这与直接调用工作函数有什么不同呢？

　　假设你正在编写一个服务器程序，并且请求包括文件名和要搜索的模式。如果数千个请求同时到达，它将使用数千个打开的文件，这在你的平台上应该是不可能做到的。

　　但是，如果你使用工作池方法，那么无论有多少请求同时到达，最多都只会有预定义数量的工作线程（以及因此打开的文件数量）。因此，工作池是限制系统并发的好方法。

　　最后，你是否注意到，此工作实现中没有互斥体？唯一显式的等待是 WaitGroup，它将等待所有工作线程完成。

5.3　管道、扇出和扇入

很多时候，计算必须经历多个阶段来转换和充实结果。

　　一般来说，有一个初始阶段获取一系列数据项。该阶段将这些数据项逐一地传递到后续一系列阶段，其中每个阶段都将对数据进行操作，产生结果，并将其传递到下一个阶段。一个很好的例子是图像处理管道，其中图像被解码、转换、过滤、裁剪并编码成另一个图像。许多数据处理应用程序都需要处理大量数据。因此，并发管道对于程序性能至关重要。

5.3.1　简单管道示例

　　本节将构建一个简单的数据处理管道，用于从逗号分隔值（comma-separated values，CSV）文本文件中读取记录。每条记录都包含一个人的身高和体重测量值，分别以英寸和磅为单位。我们的管道会将身高和体重的测量值的单位分别转换为厘米和千克，然后将它们作为 JSON 对象流输出。

　　我们将使用一些通用函数来提取出问题的各个阶段，以便实际的计算单元不会从一种管道实现更改为另一种管道实现。

Record 结构体定义如下：

```
type Record struct {
    Row     int     `json:"row"`
    Height  float64 `json:"height"`
    Weight  float64 `json:"weight"`
}
```

该管道分为 3 个阶段。

1. 解析（parse）

这接受从文件中读取的一行数据。然后，它将行号解析为整数，将身高和体重值解析为浮点数，并返回一个 Record 结构体：

```go
func newRecord(in []string) (rec Record, err error) {
    rec.Row, err = strconv.Atoi(in[0])
    if err != nil {
        return
    }
    rec.Height, err = strconv.ParseFloat(in[1], 64)
    if err != nil {
        return
    }
    rec.Weight, err = strconv.ParseFloat(in[2], 64)
    return
}

func parse(input []string) Record {
    rec, err := newRecord(input)
    if err != nil {
        panic(err)
    }
    return rec
}
```

2. 转换（convert）

这接受 Record 结构体作为输入。然后，它将身高和体重的单位分别转换为厘米和千克，并输出转换后的 Record 结构体：

```go
func convert(input Record) Record {
    input.Height = 2.54 * input.Height
    input.Weight = 0.454 * input.Weight
    return input
}
```

3. 编码（encode）

这接受 Record 结构体作为输入。随后，它将记录编码为 JSON 对象。

```go
func encode(input Record) []byte {
    data, err := json.Marshal(input)
    if err != nil {
        panic(err)
    }
}
```

```
    return data
}
```

5.3.2　同步管道

构建管道的方法有多种。最直接的方法是同步管道。同步管道（synchronous pipeline）只是将一个函数的输出传递给另一个函数。

管道的输入是从 CSV 文件中读取的：

```
func synchronousPipeline(input *csv.Reader) {
    // 跳过标题行
    input.Read()
    for {
        rec, err := input.Read()
        if err == io.EOF {
            return
        }
        if err != nil {
            panic(err)
        }
        // 管道：解析、转换、编码
        out := encode(convert(parse(rec)))
        fmt.Println(string(out))
    }
}
```

该管道的执行如图 5.2 所示。管道先处理一条记录直至完成，然后处理后续记录，直到处理完所有记录。如果每个阶段花费 1 μm，那么它将每 3 μm 产生一个输出。

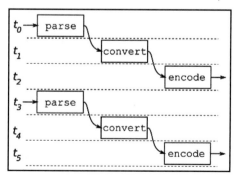

图 5.2　同步管道

原　　文	译　　文
parse	解析
convert	转换
encode	编码

5.3.3　异步管道

异步管道（asynchronous pipeline）将在单独的 goroutine 中运行每个阶段。每个阶段从通道中读取下一个输入，对其进行处理，然后将其写入输出通道中。

当输入通道关闭时，它也会关闭输出通道，这会导致下一阶段关闭其通道，以此类推，直到所有通道都关闭并且管道终止。

这种类型操作的好处在图 5.3 中清晰可见：假设所有阶段并行运行，如果每个阶段需要 1 μm，则该管道在最初的 3 μm 之后每 1 μm 产生一个输出。

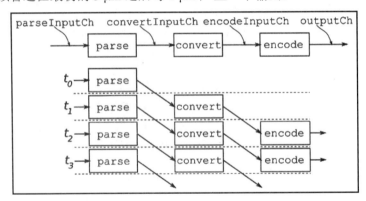

图 5.3　异步管道

原　　文	译　　文
parse	解析
convert	转换
encode	编码

可以使用一些通用函数将该管道的各个阶段连接在一起。我们将每个阶段包装在一个函数中，该函数在 for 循环中从通道中读取数据，调用一个函数来处理输入，并将输出写入输出通道中：

```
func pipelineStage[IN any, OUT any](input <-chan IN, output
chan<- OUT, process func(IN) OUT) {
```

```
    defer close(output)
    for data := range input {
        output <- process(data)
    }
}
```

在这里，IN 和 OUT 类型参数分别是 process 函数的输入和输出数据类型，以及 input 和 output 通道的通道类型。

异步管道的设置有点复杂，因为必须定义一个单独的通道来连接每个阶段：

```
func asynchronousPipeline(input *csv.Reader) {
    parseInputCh := make(chan []string)
    convertInputCh := make(chan Record)
    encodeInputCh := make(chan Record)
    outputCh := make(chan []byte)
    // 需要该通道等待最终结果的输出
    done := make(chan struct{})

    // 启动管道阶段并连接它们
    go pipelineStage(parseInputCh, convertInputCh, parse)
    go pipelineStage(convertInputCh, encodeInputCh, convert)
    go pipelineStage(encodeInputCh, outputCh, encode)

    // 启动一个 goroutine 以读取管道输出
    go func() {
        for data := range outputCh {
            fmt.Println(string(data))
        }
        close(done)
    }()

    // 跳过标题行
    input.Read()
    for {
        rec, err := input.Read()
        if err == io.EOF {
            close(parseInputCh)
            break
        }
        if err != nil {
            panic(err)
        }
        // 将输入发送到管道中
```

```
        parseInputCh <- rec
    }
    // 等待至最后一个结果被输出
    <-done
}
```

你可能已经注意到，该管道看起来像是一个接一个连接在一起的工作池。事实上，每个阶段都可以实现为一个工作池。

如果某些阶段需要很长时间才能完成，那么这样的设计可能会很有用，因为同时运行多个阶段可以提高吞吐量。

5.3.4　扇出/扇入

在所有工作线程并行运行并且每个阶段都有两个工作线程的理想情况下，管道操作如图 5.4 所示。如果每个阶段可以每 1 μm 产生一个输出，则该管道将在最初的 3 μm 之后每 1 μm 产生两个输出。

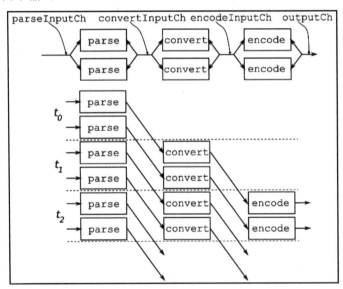

图 5.4　每个阶段有两个工作线程的异步管道

原　　文	译　　文
parse	解析
convert	转换
encode	编码

在此设计中，管道的各个阶段使用共享通道进行通信，因此多个goroutine从同一input通道中读取数据，这个阶段被称为扇出（fan-out），然后它们将该数据写入一个共享的output通道中，这个阶段被称为扇入（fan-in）。

该管道需要对我们的通用函数进行一些更改。之前的通用函数依赖于input通道的关闭来关闭它自己的output通道，因此各阶段可以一个接一个地关闭。但是，在此设计中，由于每个阶段都有多个工作线程实例处于运行状态，因此每个工作线程都会尝试关闭output通道，从而导致恐慌。一旦所有工作线程终止，我们就必须关闭output通道。所以，这里我们需要一个WaitGroup：

```go
func workerPoolPipelineStage[IN any, OUT any](input <-chan IN,
output chan<- OUT, process func(IN) OUT, numWorkers int) {
    // 当所有工作线程都完成时，关闭output通道
    defer close(output)
    // 开始工作池
    wg := sync.WaitGroup{}
    for i := 0; i < numWorkers; i++ {
        wg.Add(1)
        go func() {
            defer wg.Done()
            for data := range input {
                output <- process(data)
            }
        }()
    }
    // 等待所有工作线程完成
    wg.Wait()
}
```

当input通道关闭时，管道阶段中的所有工作线程都会一个接一个地终止。WaitGroup确保函数在所有goroutine完成之前不会返回，之后它关闭output通道，这会在下一阶段触发相同的事件序列。

该管道设置现在使用以下通用函数：

```go
numWorkers := 2
// 启动管道阶段并连接它们
go workerPoolPipelineStage(parseInputCh, convertInputCh, parse,
numWorkers)
go workerPoolPipelineStage(convertInputCh, encodeInputCh,
convert, numWorkers)
go workerPoolPipelineStage(encodeInputCh, outputCh, encode,
numWorkers)
```

你如果构建此管道并运行它，就很快会意识到其输出可能如下所示：

```
{"row":65,"height":172.72,"weight":97.61}
{"row":64,"height":195.58,"weight":81.266}
{"row":66,"height":142.24,"weight":101.242}
{"row":68,"height":152.4,"weight":80.358}
{"row":67,"height":162.56,"weight":104.87400000000001}
```

读取的数据行的顺序乱了！由于有多个数据实例通过管道，因此最快的实例首先出现在输出中，但这可能不是应该排在前面的行。

在很多情况下，从管道中出来的记录的顺序并不重要。但在某些情况下，你需要按顺序排列它们。这种管道构造并不能很好地解决这些问题。

当然，你可以添加一个新阶段来对它们进行排序，但你需要一个潜在的无边界缓冲区：如果每个阶段有多个工作线程，并且第一个记录需要很长的时间才能处理，以至于所有其他记录都先于第一个记录通过管道，那么你必须将它们全部缓冲起来才能对它们进行排序，这违背了使用管道的初衷。

现在让我们来研究可以解决这个问题的替代管道设计。

到目前为止，我们的管道在所有工作线程发送和接收的阶段之间使用了共享通道。其实还有一种选择是在每个阶段的 goroutine 之间使用专用通道。当管道的某些阶段价格昂贵时，这种设计将变得特别有帮助，因为它可以让多个 goroutine 用于同时计算昂贵的操作，从而增加整个管道的吞吐量。

对于我们的示例来说，假设转换阶段需要执行昂贵的计算，因此我们希望在此阶段有一个包含多个工作线程的工作池。因此，在管道解析输入之后，它会扇出到多个从共享通道读取的转换 goroutine，但这些 goroutine 中的每一个都在自己的通道中返回它们的响应。因此，在对这一阶段的输出进行编码之前，我们必须对结果进行扇入和排序，如图 5.5 所示。

我们需要一个新的通用函数，它将一个 input 通道和一个 done 通道一起用于取消，并返回一个输出通道。这样我们就可以将一个 goroutine 的输出连接到另一阶段中的另一个 goroutine 的输入：

```go
func cancelablePipelineStage[IN any, OUT any](input <-chan IN,
done <-chan struct{}, process func(IN) OUT) <-chan OUT {
    outputCh := make(chan OUT)
    go func() {
        for {
            select {
                case data, ok := <-input:
```

```
                    if !ok {
                        close(outputCh)
                        return
                    }
                    outputCh <- process(data)
                case <-done:
                    return
            }
        }
    }()
    return outputCh
}
```

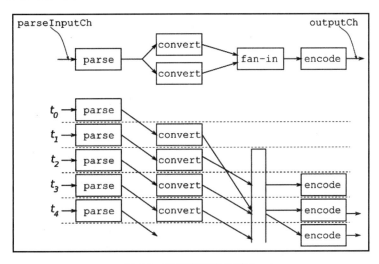

图 5.5　无排序的扇出/扇入

现在可以编写一个通用的扇入函数:

```
func fanIn[T any](done <-chan struct{}, channels ...<-chan T)
<-chan T {
    outputCh := make(chan T)
    wg := sync.WaitGroup{}
    for _, ch := range channels {
        wg.Add(1)
        go func(input <-chan T) {
            defer wg.Done()
            for {
                select {
                    case data, ok := <-input:
```

```
                    if !ok {
                        return
                    }
                    outputCh <- data
                case <-done:
                    return
                }
            }
        }(ch)
    }
    go func() {
        wg.Wait()
        close(outputCh)
    }()
    return outputCh
}
```

fanIn 函数将获取多个通道，使用单独的 goroutine 同时从每个通道中读取数据，然后将其写入公共 output 通道中。当所有 input 通道都关闭时，接收的 goroutine 终止，并且 output 通道关闭。

正如你所看到的，输出的顺序不一定与输入的顺序相同。goroutine 可能会根据它们运行的顺序来打乱输入。

💡 提示：

如果输入通道的数量是固定的，那么 select 语句是一种简单的扇入方法。但是在本示例中，输入通道的数量可以是动态的并且非常大。具有可变数量通道的 select 语句非常适合这种情况，可惜 Go 语言语法不支持它，但标准库支持它。reflect.Select 函数允许你使用通道切片进行选择。

以下代码片段可以将管道的各个阶段与用于转换阶段的两个工作线程连接起来：

```
// 单个输入通道连接到解析阶段
parseInputCh := make(chan []string)
convertInputCh := cancelablePipelineStage(parseInputCh, done,
parse)
numWorkers := 2
fanInChannels := make([]<-chan Record, 0)
for i := 0; i < numWorkers; i++ {
    // 扇出
    convertOutputCh :=
        cancelablePipelineStage(convertInputCh,
```

```
        done, convert)
    fanInChannels = append(fanInChannels, convertOutputCh)
}
convertOutputCh := fanIn(done, fanInChannels...)
outputCh := cancelablePipelineStage(convertOutputCh, done,
encode)
```

5.3.5 有序扇入

如何编写一个也可以对记录进行排序的扇入函数呢？关键思路是存储无序记录，直到预期的记录出现。

假设有两个输入通道，由两个 goroutine 侦听，第一个 goroutine 接收到一个乱序记录，我们知道第二个 goroutine 接下来会收到预期的记录，因为管道中的记录数量不能超过并发工作线程的数量，而且我们已经收到了第二条记录，所以第一条记录必然就在前面的阶段。在等待该记录到达时，我们必须防止第一个 goroutine 返回其记录。但是，如何暂停正在运行的 goroutine 呢？答案是：让它在通道上等待。

让我们尝试用伪代码组合一个算法。我发现编写代表 goroutine 的伪代码块并在它们之间绘制箭头来表示消息交换很有帮助。

在第一阶段，对于每个 input 通道，我们将使用一个 goroutine 从管道中接收数据元素，将其发送到一个扇入通道（排序 goroutine 将从该通道中接收数据）中，并等待从 pause 通道中接收。

在第二阶段，我们有一个排序 goroutine，它从扇入通道中接收数据并确定记录的顺序是否正确。如果不正确，那么它会将此顺序存储在专用于其 input 通道的缓冲区中。此时，该 input 通道的 goroutine 正在等待从其 pause 通道中接收数据，因此它无法接受更多输入。当正确的输入到来时，排序 goroutine 输出所有排队的数据，并通过将它们发送到 pause 通道来释放所有等待的 goroutine，如图 5.6 所示。

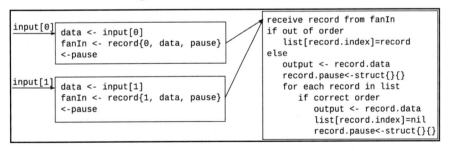

图 5.6 有序扇入的伪代码

在明白了原理之后，现在让我们开始构建这个有序扇入算法。

首先，我们需要一种方式来获取记录的顺序编号：

```
type sequenced interface {
    getSequence() int
}
func (r Record) getSequence() int { return r.Row }
```

对于每个通道，我们需要一个地方来存储乱序记录，还需要一个通道来暂停 goroutine：

```
type fanInRecord[T sequenced] struct {
    index int          // input 通道的索引
    data T
    pause chan struct{}
}
```

我们为每个 input 通道创建一个 goroutine。每个 goroutine 从其指定的通道中读取数据，创建一个 fanInRecord 的实例，并通过 fanInCh 通道发送它。这可能是预期中的记录，也可能是无序记录，这取决于 fanInCh 通道的接收端。这个 goroutine 现在必须暂停，直到做出决定。因此，它从关联的 pause 通道中接收。

另一个 goroutine 通过向 pause 通道发送信号来释放该 goroutine，之后该 goroutine 再次开始侦听 input 通道。当然，如果 input 通道关闭，则对应的 goroutine 返回，当所有 goroutine 返回时，fanInCh 通道关闭：

```
func orderedFanIn[T indexable](done <-chan struct{}, channels
...<-chan T) <-chan T {
    fanInCh := make(chan fanInRecord[T])
    wg := sync.WaitGroup{}
    for i := range channels {
        pauseCh := make(chan struct{})
        wg.Add(1)
        go func(index int, pause chan struct{}) {
            defer wg.Done()
            for {
                var ok bool
                var data T
                // 接收来自通道的输入
                select {
                case data, ok = <-channels[index]:
                    if !ok {
                        return
                    }
```

```
                            // 发送输入
                            fanInCh <- fanInRecord[T]{
                                    index: index,
                                    data: data,
                                    pause: pause,
                            }
                        case <-done:
                            return
                        }
                        // 暂停该 goroutine
                        select {
                            case <-pause:
                            case <-done:
                                    return
                        }
                    }
                }(i, pauseCh)
            }
            go func() {
                wg.Wait()
                close(queue)
            }()
```

该函数的第二部分包含排序逻辑。当从通道中接收到无序记录时，它被存储在该通道专用的缓冲区中，因此我们需要一个 len(channels) 容量的缓冲区。当收到预期的记录时，算法将扫描存储的记录并以正确的顺序输出它们：

```
outputCh := make(chan T)
go func() {
    defer close(outputCh)
    // 下一个预期中的记录
    expected := 1
    queuedData := make([]*fanInRecord[T], len(channels))
    for in := range fanInCh {
        // 如果该输入正是预期中的，则将它发送到输出通道
        if in.data.getSequence() == expected {
            select {
                case outputCh <- in.data:
                    in.pause <- struct{}{}
                    expected++
                    allDone := false
                    // 发送所有队列中的数据
                    for !allDone {
```

```
                allDone = true
                for i, d := range queuedData {
                    if d != nil && d.data.getSequence() ==
                    expected {
                        select {
                            case outputCh <- d.data:
                                queuedData[i] = nil
                                d.pause <- struct{}{}
                                expected++
                                allDone = false
                            case <-done:
                                return
                        }
                    }
                }
            case <-done:
                return
            }
        } else {
            // 这是乱序记录，将它加入队列中
            in := in
            queuedData[in.index] = &in
        }
    }
}()
return outputCh
}
```

这个 goroutine 的思路是侦听队列通道，如果接收到的记录是乱序的，则将其加入队列中。发送 goroutine 将被阻塞，直到该 goroutine 释放它。

如果正确的记录到来，则直接将其发送到输出通道，发送它的 goroutine 被解除阻塞，并扫描所有排队的记录以查看下一个预期记录是否已排队。如果是，则发送该记录，相应的 goroutine 通过发送到 pause 通道而被解除阻塞，并且该记录从队列中被取出，如图 5.7 所示。

让我们仔细看看这些 goroutine 是如何交互的。如图 5.7 所示，其中一个 goroutine 读取无序输入（箭头 1），并通过 fanInCh 通道将其发送到扇入 goroutine（箭头 2）。扇入 goroutine 意识到这是一条无序记录，并对其进行排队（箭头 3）。

当这些过程发生时，goroutine 开始等待从其 pause 通道中接收数据（箭头 4）。同时，另一个 goroutine 接收另一个输入（箭头 5），并通过 fanInCh 通道将其发送到扇入 goroutine

（箭头 6）。扇入 goroutine 意识到这是预期的数据包，并释放已经在等待或即将等待从其 pause 通道中接收的 goroutine（箭头 7）。

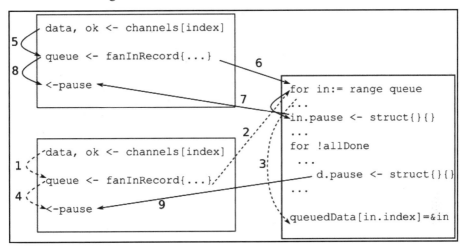

图 5.7　有序扇入 happened-before 关系

扇入 goroutine 还会查看已经存储的请求，并发现有一条记录正在等待，该记录现在成为预期的数据包。所以，它也将释放该 goroutine（箭头 9）。

正如你所看到的那样，根据具体需求，管道也可能会变得较为复杂。没有单一的方法可以解决这些问题。

上述示例演示了几种抽象出构建和运行高性能数据管道的底层复杂性的方法，以便实际的处理阶段可以只专注于数据处理。

正如我们在本章中试图说明的那样，你可以使用并发组件和通用函数来构造和连接不同类型的管道，而无须修改处理逻辑。从简单的代码开始，分析你的程序，找到瓶颈，然后你可以决定是否和何时扇出、如何扇入、如何调整工作池的大小，以及哪种类型的管道最适合你的用例。

最后值得一提的是，本章的所有管道实现都使用了通道、goroutine 和 waitgroup。没有临界区，没有互斥体或条件变量，而且也没有数据竞争。一旦有新的数据可用，则每个 goroutine 就会向前推进。

5.4　小　　结

本章研究了工作池和管道——这两种模式在几乎每个重要的项目中都以不同的形式

出现。这些模式可以通过多种方式使用不同的运行时行为来实现。

　　在构建系统时，你应该不必依赖于管道或工作池的确切结构。本章尝试展示了一些从计算逻辑中抽象出并发问题的方法。当你需要在不同的设计之间进行迭代时，这些想法可能会让你的工作变得更轻松。

　　第 6 章将讨论错误处理以及如何将错误处理添加到这些模式中。

5.5　思　考　题

　　（1）是否可以更改工作 goroutine 的实现，以便调用者可以取消提交的工作？

　　（2）许多语言提供具有动态大小的工作池的框架。你能想出一种在 Go 中实现它的方法吗？你所实现的工作池其性能是否比固定大小的工作池（使用与动态大小的最大值相同数量的 goroutine）的性能更高？

　　（3）尝试编写一个通用的扇入/扇出函数（无须排序），该函数采用 n 个输入通道和 m 个输出通道。

第6章 错误和恐慌处理

本章将讨论如何处理并发程序中的错误和恐慌。首先，本章将讨论如何将错误处理合并到并发程序中，包括如何在 goroutine 之间传递错误，以便你可以处理或报告错误。然后，本章将讨论恐慌。

错误和恐慌的处理没有硬性规定，但我们希望本章中描述的一些准则能够帮助你编写更健壮的代码。

第一条准则是：**永远不要忽略错误。**

第二条准则告诉你何时返回错误以及何时恐慌：**错误的受众是程序的用户；恐慌的受众是程序的开发者。**

本章将讨论以下主题：

❑ 错误处理机制
❑ 恐慌

在本章末尾，你将看到并发程序中错误处理的若干种方法。

6.1 错误处理机制

Go 中的错误处理一直是一个两极分化的问题。由于对重复的错误处理样板感到沮丧，社区中的许多 Go 用户（包括我）建议改进错误处理机制。这些建议中的大多数实际上都是错误传递的改进，因为说实话，错误很少得到处理。相反，它们被传递给调用者，有时包含一些上下文信息。

许多错误处理建议提出了 throw-catch 的不同变体，而还有一些建议则只是所谓的 if err!=nil return err 的语法糖（syntactic sugar）。

许多诸如此类的建议都忽略了一点，即现有的错误报告和处理约定在并发环境中可以很好地工作，例如通过通道传递错误的能力：你可以在另一个 goroutine 中处理某个 goroutine 生成的错误。

在使用 Go 程序时，我想强调的重要一点是，大多数时候，可以仅依靠屏幕上看到的信息来分析它们。所有可能的代码路径在代码中都是明确的。从这个意义上说，Go 是一种对阅读者极其友好的语言。Go 错误处理范式在这方面有一定功劳。许多函数可返回一些值并伴有错误信息。因此，程序如何处理错误通常在代码中是明确的。

当检测到不可接受的情况（例如网络连接失败或用户输入无效）时，程序会生成错误。这些错误通常会被传递给调用者，有时会被包装在另一个错误中，以添加描述上下文的信息。添加的信息很重要，因为许多错误都会被转换为程序用户的消息。例如，抱怨 JSON 解析错误的消息在处理许多 JSON 文件的程序中是没有用的，除非它还告诉哪个文件有错误。

但 goroutine 不会返回错误。当 goroutine 失败时，我们必须找到其他方法来处理错误。

当多个 goroutine 用于计算的不同部分，并且其中一个 goroutine 失败时，其余的 goroutine 也应该被取消，或者它们的结果将被丢弃。

有时，多个 goroutine 失败，你必须处理多个错误值。请记住，我们的第一条准则是：永远不要忽略错误。很少有指南和第三方软件包会帮你轻松处理错误。

6.1.1　常见错误处理模式

现在让我们来看一些常见的模式。你如果向 goroutine 提交工作并希望稍后收到结果，那么必须确保结果中包含错误信息。如果你有多个可以同时执行的任务，那么以下演示的模式非常有用。你可以在自己的 goroutine 中启动每个任务，然后根据需要收集结果或错误。当你有工作池时，这也是处理错误的好方法：

```
// 结果类型将保留期望的结果和错误信息
type Result1 struct {
    Result ResultType1
    Error err
}

type Result2 struct {
    Result ResultType2
    Error err
}

...

result1Ch:=make(chan Result1)
go func() {
    result, err := handleRequest1()
    result1Ch <- Result1{ Result: result, Error: err }
}()
result2Ch:=make(chan Result2)
```

```
go func() {
    result, err := handleRequest2()
    result2Ch <- Result2{ Result: result, Error: err }
}()

// 执行其他操作
...

// 从 goroutine 中收集结果
result1:=<-result1Ch
result2:=<-result2Ch
if result1.Error!=nil {
    // 处理错误
    ...
}

if result2.Error!=nil {
    // 处理错误
    ...
}
```

当检测到错误时，你必须留意活跃的 goroutine。例如，上面的程序在检查错误之前会从所有结果通道中进行读取。这确保了所有启动的 goroutine 都会终止，然后执行错误处理。

以下实现会泄漏第二个 goroutine：

```
result1:=<-result1Ch
if result1.Error!=nil {
// result2Ch 永远不会被读取，goroutine 泄漏
    return result1.Error
}
result2:=<-result2Ch
...
```

在许多情况下，让所有 goroutine 完成然后返回错误，或者如果有多个 goroutine 失败则返回复合错误，这可能会很好。但有时，如果另一个 goroutine 失败，你可能想取消正在运行的 goroutine。第 8 章"并发处理请求"将讨论使用 context.Context 来取消此类计算。目前，我们可以使用 canceled 通道来通知 goroutine 它们应该停止处理。

你如果还记得前面章节中讨论过的示例，就可知道这是一种常见的模式，其中关闭通道用于向所有 goroutine 广播信号。因此，当 goroutine 检测到错误时，它将关闭 canceled 通道。所有 goroutine 都会定期检查 canceled 通道是否已关闭，如果已关闭，则返回错误。

但是，这种方法也有一个问题：如果多个 goroutine 失败，则它们都会尝试关闭通道，而关闭一个已经关闭的通道会引起恐慌，所以我们不能直接关闭 canceled 通道，而是使用一个单独的 goroutine 来侦听 canceled 通道，并且仅关闭 canceled 通道一次：

```
// 分隔 goroutine 的结果通道
resultCh1 := make(chan Result1)
resultCh2 := make(chan Result2)
// 当 goroutine 发送到 cancelCh 时，关闭 canceled 通道
canceled := make(chan struct{})
// cancelCh 可以接收多个取消请求，但仅关闭 canceled 通道一次
cancelCh := make(chan struct{})
// 确保 cancelCh 已关闭，否则读取它的 goroutine 将泄漏
defer close(cancelCh)
go func() {
    // 接收到来自 cancelCh 的值时，关闭 canceled 通道一次
    once := sync.Once{}
    for range cancelCh {
        once.Do(func() {
            close(canceled)
        })
    }
}()
// goroutine 1 计算 Result1
go func() {
    result, err := computeResult1()
    if err != nil {
        // 取消其他 goroutine
        cancelCh <- struct{}{}
        // 发送回错误，不关闭通道
        resultCh1 <- Result1{Error: err}
        return
    }
    // 如果其他 goroutine 失败，则停止计算
    select {
    case <-canceled:
        // 关闭 resultCh1，这样侦听器就不会被阻塞
        close(resultCh1)
        return
    default:
    }
    // 执行更多计算
}()
```

```
// goroutine 2 计算 Result2
go func() {
    ...
}()
// 接收结果。如果 goroutine 被取消，则通道将被关闭
// ok 将为 false
result1, ok1 := <-resultCh1
result2, ok2 := <-resultCh2
```

在这里：如果 goroutine 1 失败，则 resultCh1 将返回错误，goroutine 2 将被取消，resultCh2 将被关闭；如果 goroutine 2 失败，则 resultCh2 将返回错误，goroutine 1 将被取消，resultCh1 将被关闭；如果 goroutine 1 和 goroutine 2 同时失败，则将返回两个错误。

6.1.2 常见错误处理模式的变体

上述模式的变体是使用错误通道而不是取消通道。有一个单独的 goroutine 侦听错误通道并捕获来自 goroutine 的错误：

```
// errCh 将传达错误
errCh := make(chan error)
// 任何错误都将关闭 canceled 通道
canceled := make(chan struct{})
// 确保错误侦听器终止
defer close(errCh)
// 收集所有错误
errs := make([]error, 0)
go func() {
    once := sync.Once{}
    for err := range errCh {
        errs = append(errs, err)
        // 当接收到错误时，取消所有 goroutine
        once.Do(func() { close(canceled) })
    }
}()
resultCh1 := make(chan Result1)
go func() {
    defer close(resultCh1)
    result, err := computeResult()
    if err != nil {
        errCh <- err
        // 确保侦听器不被阻塞
```

```
            return
    }
    // 如果已取消，则停止
    select {
        case <-canceled:
            return
        default:
    }
    resultCh1 <- result
}()
result, ok := <-resultCh1
```

我经常看到的另一种错误处理方法是在每个 goroutine 的封闭作用域内使用专用的错误变量。这种方法需要一个 WaitGroup，并且当其中一个 goroutine 失败时无法取消工作。尽管如此，如果没有一个 goroutine 执行可取消的操作，它可能会很有用。你如果最终实现此模式，那么必须确保在等待组的 Wait()调用之后读取错误，因为根据 Go 内存模型，错误变量的设置发生在 Wait()调用返回之前，但它们是直到那时才并发：

```
wg := sync.WaitGroup{}
wg.Add(2)
var err1 error
go func() {
    defer wg.Done()
    if err := doSomething1(); err != nil {
        err1 = err
        return
    }
}()
var err2 error
go func() {
    defer wg.Done()
    if err := doSomething2(); err != nil {
        err2 = err
        return
    }
}()
wg.Wait()
// 收集结果并在此处理错误
if err1 != nil {
    // 处理 err1
}
if err2 != nil {
```

```
    // 处理err2
}
```

6.1.3 管道

使用异步管道时，有多种错误处理选项。我们通常会构建管道来处理许多输入，因此，一般不希望仅仅因为某个输入的处理失败就停止整个管道。相反，我们将记录错误并继续处理。重要的是捕获足够的错误上下文，以便在一切都完成后，可以返回并找出哪些输入出了问题。处理管道中错误的选项包括但不限于以下方式：

- ❑ 每个阶段都使用错误记录器函数自行处理错误。如果多个阶段尝试同时记录错误，则错误记录器必须能够处理并发调用。
- ❑ 使用带有错误侦听器 goroutine 的单独错误通道。当在管道中检测到错误时，会捕获相关上下文（如输入文件名、标识符或完整输入、出了什么问题、哪个阶段失败等）并将其发送到通道。错误侦听器 goroutine 可以将错误信息存储在数据库中或记录下来。
- ❑ 将错误传递到下一阶段。每个阶段都会检查输入是否包含错误，并将其传递到管道末尾，在那里生成错误输出。

6.1.4 服务器

当我们谈论服务器时，我们主要谈论的是它们面向请求的特性，而不是谈论它们的通信特性。请求可能来自通过 HTTP 或 gRPC 发送的网络，也可能来自命令行。一般来说，每个请求都在单独的 goroutine 中被处理。因此，可以由请求处理堆栈（request-handling stack）来传播有意义的错误，这些错误可用于构建对用户的响应。如果该用户是另一个程序（例如，如果我们谈论的是 Web 服务），则包含错误代码和一些诊断消息是有意义的。

结构化的错误是你最好的朋友：

```go
// 将此错误嵌入所有可从 API 中返回的其他结构化错误
type Error struct {
    Code int
    HTTPStatus int
    DiagMsg string
}


// HTTPError 提取来自错误的 HTTP 信息
type HTTPError interface {
```

```
    GetHTTPStatus() int
    GetHTTPMessage() string
}

func (e Error) GetHTTPStatus() int {
    return e.HTTPStatus
}

func (e Error) GetHTTPMessage() string {
    return fmt.Sprintf("%d: %s",e.Code,e.DiagMsg)
}

// 分别处理 HTTPError 和其他未知错误
func WriteError(w http.ResponseWriter, err error) {
    if e, ok:=err.(HTTPError); ok {
        http.Error(w,e.HTTPStatus(),e.HTTPMessage())
    } else {
        http.Error(w,http.InternalServerError,err.Error())
    }
}
```

上面的错误实现将帮助你向用户返回有意义的错误，以便他们可以处理常见问题，而不必在沮丧中浪费时间。

6.2 恐   慌

恐慌与错误不同。恐慌要么是编程错误，要么是无法合理补救的情况（如内存不足）。因此，恐慌应该用于向开发人员传达尽可能多的诊断信息。

根据上下文，某些错误可能会变成恐慌。例如，程序可能接受来自用户的模板，并在模板解析失败时生成错误。但是，如果硬编码模板的解析失败，则程序应该出现恐慌。第一种情况是用户错误，第二种情况是程序错误。

作为并发程序的开发人员，你对错误只有以下 3 个选择：

（1）处理它（记录它，选择另一个程序流程，或者不执行任何操作来忽略它）。

（2）将其传递给调用者（有时需要一些额外的上下文信息）。

（3）恐慌。

当并发程序中发生恐慌时，运行时会确保所有嵌套函数调用都一一返回启动该 goroutine 的函数。发生这种情况时，函数的所有延迟块也会运行。这是一个从恐慌中恢复的机会，或者清理任何不会被垃圾收集的资源的机会。如果调用链中的函数之一没有处理恐慌，则程序将崩溃。因此，作为开发人员，你需要做一些清理工作。

在服务器程序中，通常有一个单独的 goroutine 处理每个请求。大多数服务器框架（包括标准库 net/http 包）都可以通过输出堆栈和失败请求来处理此类恐慌，而不会崩溃。你如果正在编写一个没有使用这样的库的服务器，或者你如果想在发生恐慌时报告更多信息，那么应该自己处理它们：

```go
func PanicHandler(next func(http.ResponseWriter,*http.Request))
func(http.ResponseWriter,*http.Request) {
    return func(wr http.ResponseWriter, req *http.Request) {
        defer func() {
            if err:=recover(); err!=nil {
                // 输出恐慌信息
            }
        }()
        next(wr,req)
    }
}

func main() {
    http.Handle("/path",PanicHandler(pathHandler))
}
```

你只能在 goroutine 启动时恢复恐慌。这意味着，你如果启动一个可能引发恐慌的 goroutine，并且不希望该恐慌终止程序，那么必须恢复恐慌：

```go
go func(errCh chan<- error, resultCh chan<- result) {
    defer func() {
        if err:=recover(); err!=nil {
            // 恐慌已恢复，返回错误
            errCh <- err
        close(resultCh)
        }
    }()
    // 正常执行
}()
```

当使用并发处理管道（例如，我们在第 5 章"工作池和管道"中使用的那些管道）时，防御性地处理恐慌是有意义的。恐慌通常表明程序中存在错误，但在处理数小时后终止长时间运行的管道并不是最好的解决方案。处理完成后，你通常希望记录所有恐慌和错误。因此，你必须确保在正确的位置执行恐慌恢复。

例如，在下面的代码片段中，恐慌恢复是围绕实际的管道阶段处理函数进行的，因此恐慌已被记录，但 for 循环继续处理：

```go
func pipelineStage[IN any, OUT WithError](input <-chan IN,
output chan<- OUT, errCh chan<-error, process func(IN) OUT) {
    defer close(output)
    for data := range input {
        // 处理下一个输入
        result, err := func() (res OUT,err error) {
            defer func() {
                // 将恐慌转换为错误
                if err = recover(); err != nil {
                    return
                }
            }()
            return process(data),nil
        }()
        if err!=nil {
            // 报告错误并继续
            errCh<-err
            continue
        }
        output<-result
    }
}
```

你如果熟悉 C++或 Java 中的异常处理机制，那么可能想知道是否可以使用恐慌来代替抛出异常。一些指南强烈反对这样做，但你也可以找到其他提倡你这样做的资源。我们将把这个判断留给你，但在标准库 JSON 包中也有这样的例子。

有人可能会说，如果你有一个很大的包，导出的函数很少，那么使用恐慌作为错误处理机制可能是有意义的，因为它变成了一个实现细节。JSON 解组（unmarshaling）就是一个示例，而深度嵌套的解析器则是另一个可能从这种方法中受益的例子。

你如果决定这样做，那么可以使用包级错误类型来区分真正的恐慌和错误。

以下代码段是标准库 JSON 解组实现的修改版本：

```go
// 所有内部函数恐慌使用此错误类型，而不返回错误
type packageError struct{ error }

// 导出的函数是顶级函数，调用未导出的实现函数并恢复恐慌
func ExportedFunction() (err error) {
    defer func() {
```

```
        if r := recover(); r != nil {
            // 如果恐慌是从包中抛出的错误，则恢复并返回错误
            if e, ok := r.(packageError); ok {
                err = e.error
            } else {
                // 这是真实的恐慌
                panic(r)
            }
        }
    }()
    unexportedFunction()
    return nil
}

// unexportedFunction 在实现的顶层
func unexportedFunction() {
    if err:=doThings(); err!=nil {
        panic(packageError{err})
    }
    ...
}
```

在这里，unexportedFunction 执行实际工作，而 ExportedFunction 通过将一些恐慌转换为错误来充当 unexportedFunction 的外部接口。

6.3　小　　结

你的程序必须生成有用的错误消息，告诉用户出了什么问题以及如何修复它。Go 使开发人员可以完全控制错误的生成方式以及传递方式。在本章中，我们看到了一些处理并发生成的错误的方法。

第 7 章将研究用于调度未来发生事件的一次性定时器 Timer 和周期性定时器 Ticker。

第 7 章　Timer 和 Ticker

　　许多长期存在的应用程序都会对操作可以持续的时间施加限制。它们还将定期执行运行状况检查等任务，以确保所有组件都按预期进行工作。

　　许多平台都提供高精度的定时器操作，Go 标准库在 time 包中提供了这些服务的可移植抽象。本章将讨论 Timer 和 Ticker。Timer 是一次性定时器，而 Ticker 则是周期性定时器，可以周期性地触发时间事件。

　　本章将讨论以下主题：

❑　Timer——稍后运行一些东西
❑　Ticker——定期运行一些东西
❑　心跳

　　在阅读完本章之后，你将了解如何使用 Timer 和 Ticker 以及如何使用心跳监控其他 goroutine。

7.1　技　术　要　求

本章源代码可在本书配套 GitHub 存储库中找到，其网址如下：

https://github.com/PacktPublishing/Effective-Concurrency-in-Go/tree/main/chapter7

7.2　Timer——稍后运行一些东西

你如果想稍后做某事，则使用 time.Timer。

Timer 是执行以下操作的好方法：

```
// 本代码仅作为演示，不要在实际编程时这样做！
type TimerMockup struct {
    C chan<- time.Time
}


func NewTimerMockup(dur time.Duration) *TimerMockup {
```

```
t := &TimerMockup{
C: make(chan time.Time,1),
}
go func() {
    // 休眠，然后发送到通道
    time.Sleep(dur)
    t.C <- time.Now()
}()
return t
}
```

因此，Timer 就像一个 goroutine，它会在休眠指定的时间后向通道发送消息。Timer 的实际实现使用的是与平台相关的特定定时器，因此更加准确，而不是像启动一个 goroutine 并等待那么简单。

需要记住的一件事是，当你从 Timer 通道中接收到事件时，这意味着发送消息时 Timer 的持续时间已经流逝，这与接收消息时不同。

你可能已经注意到，Timer 使用容量为 1 的通道。如果 Timer 通道从未被另一个 goroutine 侦听，这可以防止 goroutine 泄漏。

缓冲通道意味着当持续时间流逝时，事件将被生成，但是如果没有 goroutine 正在侦听该通道，则该事件将在通道中等待，直到它被读取或 Timer 被垃圾收集。

Timer 的常见用途是限制任务的运行时间：

```
func main() {
    // timer 将被用于在 100 ms 之后取消工作
    timer := time.NewTimer(100 * time.Millisecond)
    // 在 100 ms 之后关闭 timeout 通道
    timeout := make(chan struct{})
    go func() {
        <-timer.C
        close(timeout)
        fmt.Println("Timeout")
    }()
    // 执行某些工作直至超时
    x := 0
    done := false
    for !done {
        // 检查是否超时
        select {
            case <-timeout:
                done = true
            default:
```

```
    }
    time.Sleep(time.Millisecond)
    x++
  }
  fmt.Println(x)
}
```

使用 time.AfterFunc 函数可以大大简化 Timer 设置。以下函数调用可以替换前面代码片段中的 Timer 设置和 goroutine。

time.AfterFunc 函数将在给定的持续时间后简单地调用给定的函数：

```
time.AfterFunc(100*time.Millisecond,func() {
    close(timeout)
    fmt.Println("Timeout")})
```

类似的方法是使用 time.After：

```
ch := time.After(100*time.Millisecond)
```

ch 通道将在 100 ms 之后收到一个时间值。

停止 Timer 很容易。在前面的程序中，如果长时间运行的任务在超时之前完成，则需要停止该计时器；否则，会输出出错误的 Timeout 消息。

如果计时器尚未到期，则调用 Stop()可能会设法停止计时器，或者计时器可能会在调用 Stop()后到期。这两种情况如图 7.1 所示。

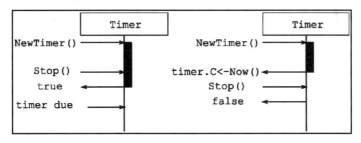

图 7.1　在 Timer 触发之前和之后停止计时器

原　　文	译　　文
timer due	计时器到期

如果 Stop()返回 true，则表示你成功停止了计时器；如果 Stop()返回 false，则表示计时器是因为到期而停止的。这并不意味着来自计时器通道的消息已被使用，也可能在 Stop()返回后被使用。不要忘记计时器通道的容量为 1，因此即使没有人从该通道中接收消息，计时器也会向该通道发送消息。

Timer 类型允许你重置计时器。由 NewTimer 创建的计时器和由 AfterFunc 创建的计时器在重置计时器时的行为有所不同，具体如下：

- 如果计时器是由 AfterFunc 创建的，则重置该计时器将重置函数第一次运行的时间（在这种情况下，Reset 将返回 true），或者将设置函数再次运行的时间（在这种情况下，Reset 将返回 false）。

- 如果计时器是由 NewTimer 创建的，则只能在已停止并耗尽的计时器上进行重置。此外，计时器的耗尽和重置不能与从该计时器接收的 goroutine 同时进行。以下代码块显示了执行此操作的正确方法。这里需要注意的重要一点是，当计时器耗尽和重置发生时，不可能使用 select 语句的超时条件从计时器通道中接收数据。换句话说，在重置计时器时，任何 goroutine 都不应该侦听该计时器通道：

```
select {
    case <-timer.C:
    // 超时
    case d:=<-resetTimer:
        if !timer.Stop() {
            <-timer.C
        }
    timer.Reset(d)
}
```

还有很多有关计时器的不同且有趣的用例，尤其是 AfterFunc 会经常出现。

对于超时，context.Context 是一个更常用的工具，第 8 章会讨论这一点。

7.3　Ticker——定期运行一些东西

重复调用 AfterFunc 以定期运行某个函数可能是一个合理的想法：

```
var periodicTask func()
periodicTask = func() {
    DoSomething()
    time.AfterFunc(time.Second, periodicTask)
}
time.AfterFunc(time.Second,periodicTask)
```

通过这种方式，函数的每次运行都会安排下一次运行，但函数运行持续时间的变化将随着时间的推移而累积。这对于你的用例来说可能是完全可以接受的，但是有一种更好、更简单的方法可以做到这一点——使用 time.Ticker。

time.Ticker 的 API 与 time.Timer 非常相似：你可以使用 time.NewTicker 创建一个周期性定时器，然后侦听一个将定期发送时间事件的通道，直到它被明确停止。该时间事件的周期不会基于侦听器的运行时间而改变。

以下程序将输出自程序开始以来 10 s 所流逝的毫秒数：

```go
func main() {
    start := time.Now()
    ticker := time.NewTicker(100 * time.Millisecond)
    defer ticker.Stop()
    done := time.After(10 * time.Second)
    for {
        select {
        case <-ticker.C:
            fmt.Printf("Tick: %d\n",
                time.Since(start).Milliseconds())
        case <-done:
            return
        }
    }
}
```

如果你无法在下一个计时周期到来之前完成任务，会发生什么情况？你如果错过了其中几个计时周期，那么是否应该担心会接连错过一大堆的计时周期呢？

幸运的是，time.Ticker 可以合理地处理这些情况。假设我们有一个使用计时周期触发的任务，该任务可能会也可能不会在下一个计时周期到达之前完成。这可能是因为对第三方服务的网络调用花费的时间比预期长，也可能是因为重负载下的数据库调用。无论什么原因，当下一个计时周期到来时，任务还没有准备好接收它，因为任务尚未完成。这种情况下 Ticker 的行为如图 7.2 所示。

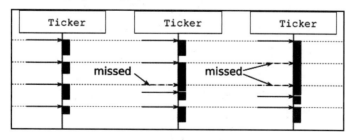

图 7.2　正常的 Ticker 行为与错过的信号

原　　文	译　　文
missed	错过的信号

在图 7.2 的最左侧可以看到，任务在下一个计时周期到来之前都能完成，因此执行是周期性的，具有统一的时间间隔。

图 7.2 中间的示意图显示了任务的第一次执行在下一个计时周期到达之前完成，但第二次执行则消耗了更长的时间，因此应用程序错过了一个计时周期。在这种情况下，只要应用程序侦听通道，下一个计时周期就会如期到达。虽然第三次执行要比平常晚，但第四次执行又恢复了正常节奏。

图 7.2 最右侧的示意图显示了任务的第一次执行花费了很长时间，以至于错过了多个计时周期。发生这种情况时，一旦任务侦听通道，下一个计时周期就会立即到达，并且后续的计时周期会按常规节奏到达。

简而言之，最多只有一条消息在 Ticker 通道中等待。你如果错过了多个计时周期，那么只会收到这些已错过的多个计时周期中的一个。这就是为什么图 7.2 最右侧的示意图仅执行了 3 次，而不像其他两幅示意图那样执行了 4 次。

需要记住的重要一点是，在使用 Stop()方法处理完成后，必须停止 Ticker。与会触发一次然后被垃圾收集的 Timer 不同，Ticker 有一个 goroutine，它会通过通道连续发送计时周期，如果你忘记停止 Ticker，那么该 goroutine 就会泄漏。它永远不会被垃圾收集。因此，你需要使用 deferticker.Stop()。

7.4　心　　跳

超时（timeout）对于限制函数的执行时间很有用。但是，当该函数预计需要很长时间才能返回，或者根本不返回时，超时不起作用。你需要一种方法来监视该函数，以确保它正在取得进展并且仍然活跃。有几种方法可以做到这一点。

一种方法是编写一个长时间运行的函数来向监视程序报告其进度。这些报告不必统一到达。监视程序如果发现长时间运行的函数有一段时间没有报告，那么可以尝试停止该进程、向系统管理员发出警告或输出错误消息。

下面的代码块给出了这样的监视函数。该函数需要从长时间运行的函数的 heartbeat 通道中接收信息。如果在两个连续的计时周期之间没有获得心跳信号，则假定该进程已停止，并且 done 通道将被关闭以尝试取消该进程：

```
func monitor(heartbeat, done chan struct{}, tick <-chan time.Time) {
    // 保留上次接收到心跳的时间
    var lastHeartbeat time.Time
    var numTicks int
```

```
for {
    select {
        case <-tick:
            numTicks++
            if numTicks >= 2 {
                fmt.Printf("No progress since
                    %s, terminating\n",
                    lastHeartbeat)
                close(done)
                return
            }
        case <-heartbeat:
            lastHeartbeat = time.Now()
            numTicks = 0
    }
}
}
```

长时间运行的函数具有以下通用结构：

```
func longRunningProcess(heartbeat, done chan struct{}) {
    for {
        // 执行一些可能需要很耗时间的任务
        DoSomething()
        select {
            case <-done:
                return
            case heartbeat <- struct{}{}:
                // 该选择语句有一个 default 选项用于非阻塞操作
        }
    }
}
```

Ticker 计时周期决定了长时间运行的函数保持安静的最大允许持续时间：

```
func main() {
    heartbeat := make(chan struct{})
    done := make(chan struct{})
    // 至少每秒有一次心跳
    ticker := time.NewTicker(time.Second)
    defer ticker.Stop()
    go longRunningProcess(heartbeat, done)
    go monitor(heartbeat, done, ticker.C)
```

```
    <-done
}
```

此心跳实现仅发送一个 struct{}{}值。它还可以发送递增的值序列以显示进度或其他类型的元数据，以便可以记录或向最终用户显示进度指示。

无法保证已挂起的 goroutine 有机会从 done 通道中读取数据并优雅地返回。它可能只是坐在那里等待永远不会发生的事件，没有任何进展的迹象。这对于你无法控制的第三方库或 API 尤其重要。在这种情况下你无能为力。你可以关闭 done 通道并希望 goroutine 最终终止。但是，你应该记录此类事件，以便可以在程序外部处理它们。我见过这样的情况，那就是将无法终止的进程放在单独的逻辑中来处理，由其他逻辑执行长时间运行的任务，一段时间后，它由于无法修复的资源泄漏而终止，程序将通过编排器软件或程序本身而再次启动。

7.5　小　　结

Timer 和 Ticker 允许你在未来执行某些操作或定期执行某些操作。我们在这里只讨论了一些简单用例。它们其实是多用途工具，经常出现在意想不到的地方。Go 运行时提供了这两种工具极其高效的实现。不过，你也需要谨慎使用 Timer 和 Ticker，因为它们可能会使流程变得复杂。另外，请务必关闭你的 Ticker。

在余下的章节中，我们会将前面所讨论的主题和内容综合起来，并研究并发模式的一些现实用例。

第 8 章　并发处理请求

服务器编程是一个相当大的话题。本章将主要关注服务器编程中与并发相关的一些方面，以及抽象意义上的一般请求处理。归根结底，几乎所有程序都是为了处理特定请求而编写的。对于服务器应用程序来说，定义和传播请求上下文非常重要。因此本章首先将讨论上下文包，然后将通过一些简单的服务器来探讨如何并发处理请求，并讨论一些处理服务器开发基本问题的方法。

本章的最后一部分是关于流数据的，流传输中数据元素是零碎生成的，这对演示一些有趣的并发模式提出了独特的挑战。

本章将讨论以下主题：

❑　上下文、取消和超时
❑　后端服务
❑　流传输数据

在阅读完本章之后，你应该很好地理解请求上下文、如何取消请求或让请求超时、服务器编程的构建块、限制并发的方法以及如何处理零散生成的数据等。

8.1　技术要求

本章源代码可在本书配套 GitHub 存储库中找到，其网址如下：

https://github.com/PacktPublishing/Effective-Concurrency-in-Go/tree/main/chapter8

8.2　上下文、取消和超时

第 2 章 "Go 并发原语" 演示了关闭多个 goroutine 之间共享的通道是发出取消信号的好方法。取消可能以不同的方式发生，例如：

❑　计算的一部分失败可能会使整个结果无效。
❑　计算可能持续很长时间以致超时。
❑　请求者通过关闭网络连接通知服务器应用程序他不再对结果感兴趣。

因此，将通道传递给被调用以处理请求的函数是有意义的。但是你也必须小心：你只能关闭一个通道一次。关闭一个已经关闭的通道会引起恐慌。

在这里，术语"请求"（request）应该是抽象意义上的：它可以是提交给服务器的 API 请求，也可以只是处理较大计算时特定部分的函数调用。

8.2.1　上下文

让调用链中的函数了解与请求相关的某些数据也是有意义的。例如，在具有许多 goroutine 的并发系统中，将日志消息与请求相关联非常重要，因为这样就可以跨不同的 goroutine 跟踪请求的完成情况。

为了实现这一目的，常使用唯一的请求标识符。为了适应这一点，这些服务调用的所有函数都应该知道该请求标识符。

context.Context 是适用于处理这两个常见问题的对象。它包括我们讨论过的用于取消的 Done 通道，它的行为就像一个通用的键-值存储（key-value store）。

Context 专门设计用作请求作用域（request-scope）的对象。它是存储请求标识符、调用者身份和权限信息、与特定请求相关的记录器等的好地方。

对于熟悉其他语言的人来说，一个常见的错误是将上下文视为线程局部存储。Context 不能替代线程局部变量，它们可用于在处理请求的 goroutine 之间共享。

Context 实例不能跨越进程边界。例如，当你调用 HTTP API 时，服务器请求处理程序会从一个全新的上下文开始，该上下文与用于进行该调用的客户端上下文无关。它应该作为需要它的函数的第一个参数被传递。遵循这些约定将使读者更容易理解代码，并允许静态代码分析器生成更清晰易懂的报告。

创建和准备上下文通常是处理请求时的首要任务。

可使用以下命令创建新上下文：

```
ctx := context.Background()
```

这将创建一个没有取消或超时的空上下文。上下文的 Done 通道将为 nil，因此它是不可取消的。

8.2.2　取消

你可以通过向上下文添加功能来处理上下文——听说过"装饰器模式"（decorator pattern）吧？当你向上下文添加取消（cancelation）或超时功能时，你将获得一个新的上下文，其中包含你传入的原始上下文：

```
ctx1, cancel1 := context.WithCancel(ctx0)
```

在这里，ctx1 是一个新上下文，它引用了原始上下文 ctx0，但添加了取消功能。你可以将 ctx1 传递给支持取消的函数和 goroutine，它们会检查 ctx1.done()通道。当你调用 cancel1 函数时，它将关闭 ctx1.Done()通道，因此所有检查 ctx1.Done()通道的 goroutine 和函数都将收到该取消请求。

你可以多次调用取消函数，但仅当你第一次调用它时，底层通道才会关闭。

如果原始上下文 ctx0 已经添加了取消功能，则不会受到 ctx1 取消的影响。但是，如果 ctx0 被取消，则 ctx1 也会被取消。

如果基于 ctx1 创建了其他可取消的上下文，则每当 ctx1 被取消时，这些上下文都会被取消，但 ctx1 不会知道这些嵌套上下文的取消。

取消功能的正确使用方法如下：

```
 1: func someFunc(ctx context.Context) error {
 2:     ctx1, cancel1 := context.WithCancel(ctx)
 3:     defer cancel1()
 4:     wg:=sync.WaitGroup{}
 5:     wg.Add(1)
 6:     go func() {
 7:         defer wg.Done()
 8:         process2(ctx1)
 9:     }()
10:     if err:=process1(ctx1); err!=nil {
11:         cancel1()
12:         return err
13:     }
14:     wg.Wait()
15:     return nil
16: }
```

该函数调用两个独立的函数 process1 和 process2 来执行一些计算。process2 函数在单独的 goroutine 中被调用。如果 process1 失败，那么我们也要取消 process2。为此，我们创建了一个可取消的上下文（第 2 行），并确保当该函数返回时取消这个新上下文（第 3 行）。这对于防止 goroutine 泄漏是必要的，因为正如你可能猜到的那样，需要额外的 goroutine 来实现这种级联取消。取消函数的调用可确保终止这些 goroutine。

这种情况如图 8.1 所示。ctx0 是初始上下文，具有 nil Done 通道。ctx1 是从 ctx0 创建的可取消的上下文，因此 cancel1 是一个关闭 ctx1 的 done 通道的闭包。这里不需要额外的 goroutine，因为父级上下文不可取消。

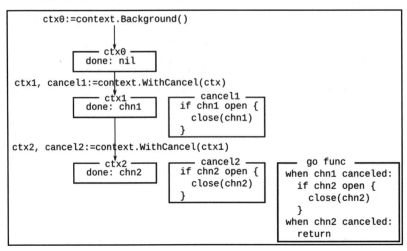

图 8.1　嵌套上下文和取消

ctx2 是另一个基于 ctx1 创建的可取消的上下文，因此它有自己的 done 通道，并有一个闭包来关闭该 done 通道。它还有一个 goroutine 等待父级 done 通道或 ctx2 done 通道关闭。如果父级 done 通道被关闭，则取消 ctx2，以及基于 ctx2 创建的所有上下文。如果 ctx2 被取消，则该 goroutine 就会终止。这就是必须调用 cancel 函数的原因：如果上下文从未被取消，则 goroutine 会泄漏。

图 8.1 给出了取消功能的概念性阐释。但是，如何检查通道是否打开呢？标准库中实际的 cancel 函数具有相当复杂的实现，其中还包括取消子上下文的功能。一个可以多次调用的简单 cancel 函数可以按以下方式实现：

```
func GetCancelFunc() (cancel func(), done chan struct{}) {
    var once sync.Once
    done = make(chan struct{})
    cancel = func() {
        once.Do(func() { close(done) })
    }
    return
}
```

8.2.3　超时

上下文超时（timeout）和截止日期（deadline）的工作方式相同。与可取消上下文的唯一区别是,包含截止时间或超时的上下文有一个计时器,一旦超过截止时间,该计时器就会调用 cancel 函数。

与超时一起使用的是持续时间:

```
ctx2, cancel := context.WithTimeout(ctx,2*time.Second)
defer cancel()
```

与截止日期一起使用的是某个时间:

```
d := time.Now().Add(2*time.Second)
ctx2, cancel := context.WithDeadline(ctx, d)
defer cancel()
```

当上下文被取消时,Err()方法将被设置为 context.Canceled 错误。当上下文超时时,Err()方法将返回 context.DeadlineExceeded 错误。

8.2.4　处理上下文中的值

上下文还提供了一种存储与特定请求相关的值的机制。但是,你不应将此机制视为通用的 map[any]any 存储。正如我们之前提到的,上下文是使用装饰器模式实现的。每次添加上下文都会创建一个新的上下文,同时保持旧的上下文不变。对于存储在上下文中的值来说也是如此。

如果向上下文添加一个值,你将获得一个具有该值的新上下文。当你在上下文中查询某个值(ctx.Value(key))并且该键与 ctx 所具有的键不匹配时,它将调用其父级来搜索该值,并且该调用将以递归方式继续,直至找到该键。

这意味着两件事:首先,你可以在新上下文中覆盖现有值,新上下文的用户将看到新的值,而旧上下文的用户将看到未修改的值;其次,你如果向上下文添加数百个值,那么将获得数百个上下文的链。

因此,请注意你在上下文中放入的内容和数量。如果需要添加大量值,则最好请添加具有多个值的单个结构。

在简单程序中,使用字符串作为上下文值的键没有任何问题。但是,这很容易被滥用,并且如果多个包使用相同的名称来添加表示不同含义的值,则可能会导致非常难以诊断的细微错误。

因此,处理上下文中的值的惯用方法是使用 Go 类型系统来防止无意中的键冲突。也就是说,为每个键使用不同的类型。

以下示例说明了如何将请求标识符添加到上下文中:

```
 1: type requestIDKeyType int
 2: var requestIDKey requestIDKeyType
 3:
 4: func WithRequestID(ctx context.Context) context.Context {
 5:     return context.WithValue(ctx, requestIDKey, uuid.New())
 6: }
 7:
 8: func GetRequestID(ctx context.Context) uuid.UUID {
 9:     id, _ := ctx.Value(requestIDKey).(uuid.UUID)
10:     return id
11: }
```

第 1 行定义未导出的数据类型，第 2 行定义使用该数据类型的上下文键。这种类型的声明确保没有人可以无意中在不同的包中创建相同的键。

第 4 行定义了 WithRequestID 函数，该函数将返回带有添加的请求标识符的新上下文。

第 8 行定义了 GetRequestID 函数，该函数可以从上下文中提取请求标识符。如果上下文中没有请求标识符，那么它将返回 UUID 的零值（这是一个由零组成的字节数组）。

基于上述说明，你能猜出下面的程序会输出什么结果吗？

```
ctx := context.Background()
ctx1 := WithRequestID(ctx)
ctx2 := WithRequestID(ctx1)
fmt.Println(GetRequestID(ctx), GetRequestID(ctx1), GetRequestID(ctx2))
```

实际上，每次运行时，它都会输出不同的结果。但是，第一个输出结果始终如下：

```
00000000-0000-0000-0000-000000000000
```

这正是 UUID 的 0 值。

第二个值将是 ctx1 中的请求标识符，第三个值将是 ctx2 中的请求标识符。请注意，向上下文中添加另一个请求标识符并不会覆盖 ctx1 的请求标识符。

还有一个常见的问题是：应该将哪些值放入 Context 中？

回答这个问题的指导原则是：看该值是否与特定请求有关，而不是看值本身的性质。

例如，如果你有一个在所有请求处理程序之间共享的数据库连接，则该连接就不属于上下文。但是，如果你的系统可以根据调用者的凭据连接到不同的数据库，那么将该数据库连接放入上下文中可能是有意义的。

应用程序配置结构通常也不属于上下文。但是，如果你根据请求从数据库中加载配置项，那么将它放入上下文中也可能是有意义的。

上下文对象意味着要被传递到多个 goroutine 中，这意味着你必须小心涉及上下文值的竞争条件。考虑以下上下文：

```
newCtx:=context.WithValue(ctx,mapKey,map[string]
interface{"key":"value"})
```

如果 newCtx 被传递给多个 goroutine，则该上下文中的映射将成为共享变量。多个 goroutine 在该映射中添加/删除值将导致竞争条件，并可能损坏内存。处理这个问题的正确方法是使用结构体：

```
type StructWithMap struct {
    sync.Mutex
    M map[string]interface{}
}
...
newCtx:=context.WithValue(ctx,mapKey,&StructWithMap{
    M:make(map[string]interface{}),
}
```

在此示例中，有一个指向结构体（该结构体包含互斥体和映射）的指针被放入上下文中。goroutine 必须锁定互斥体才能访问映射。另外还可以看到，互斥体不能被复制，因此结构体的地址被放入上下文中。

8.3 后 端 服 务

你如果正在使用 Go 语言，那么可能已经编写或即将编写某种后端服务。此类服务的开发伴随着一系列独特的挑战：

首先，请求处理的并发方面的逻辑通常隐藏在服务框架下，这会导致无意的内存共享和数据竞争。

其次，并非所有服务的客户端都有良好的意图或没有错误。有些客户端很可能会展开恶意攻击操作。本节将介绍使用 HTTP 和 Web 套接字服务的一些基本构造，但在此之前，了解一点 TCP 网络知识也会有所帮助，因为许多高级协议（如 HTTP 和 Web 套接字）都是基于 TCP 的。

8.3.1 构建一个简单的 TCP 服务器

现在让我们来构建一个简单的 TCP 服务器，它可以并发处理请求并正常关闭。为此，我们需要一个侦听器、一个请求处理程序和一个等待组：

```
type TCPServer struct {
    Listener    net.Listener
    HandlerFunc func(context.Context,net.Conn)
    wg sync.WaitGroup
}
```

服务器提供了等待连接的 Listen 方法。它将首先创建一个可取消的上下文。当 Listen
方法返回时，此上下文将被取消，并通知所有活动连接处理程序有关取消的信息。当连
接已建立时，该方法会创建一个新的 goroutine 来处理连接并继续侦听：

```
func (srv *TCPServer) Listen() error {
    baseContext, cancel :=
        context.WithCancel(context.Background())
    defer cancel()
    for {
        conn, err := srv.Listener.Accept()
        if err != nil {
            if errors.Is(err, net.ErrClosed) {
                return nil
            }
            fmt.Println(err)
        }
        srv.wg.Add(1)
        go func() {
            defer srv.wg.Done()
            srv.HandlerFunc(baseContext, conn)
        }()
    }
}
```

你可能会注意到，在 Accept 调用失败之前，Listen 方法不会返回。一旦服务器启动，
就可以通过关闭侦听器从另一个 goroutine 中停止该服务器：

```
func (srv *TCPServer) StopListener() error {
    return srv.Listener.Close()
}
```

关闭侦听器将导致 Accept 调用失败，并且 Listen 方法将停止侦听、取消上下文，然
后返回。取消上下文将通知所有活动连接，该服务器正在关闭，但期望它们立即停止处
理是不合理的。我们必须使用具有超时功能的 WaitForConnections 方法，给这些处理程序
一些时间来完成：

```
func (srv *TCPServer) WaitForConnections(timeout time.Duration)
```

```
{
    toCh := time.After(timeout)
    doneCh := make(chan struct{})
    go func() {
        srv.wg.Wait()
        close(doneCh)
    }()
    select {
        case <-toCh:
        case <-doneCh:
    }
}
```

这正是 WaitGroup 有用的地方。如果不存在活动连接，则 srv.wg.Wait()将立即返回，关闭 doneCh 通道，而这将导致 WaitForConnections 方法返回；如果存在活动连接，则我们将在单独的 goroutine 中等待它们，如果它们在超时之前全部完成，则 doneCh 通道将关闭并且该方法将返回。

但是，如果有连接在给定超时内不符合停止请求，则该方法仍将返回，使这些连接仍保持活动状态。处理此问题的一个选项是关闭这些活动连接，但这也可能会导致意外行为。因此，在这种情况下，最好的行动方案将由你自己根据具体情况而定。

8.3.2　容器化后端服务

容器化后端服务可以处理终止信号以实现更加优雅的关闭，这必须在任何服务器开始侦听之前完成。

以下代码片段将设置一个信号句柄来侦听终止信号，并给服务器 5 s 的时间来关闭：

```
sig := make(chan os.Signal, 1)
signal.Notify(sig, syscall.SIGTERM, syscall.SIGINT)
go func() {
    <-sig
    srv.StopListener()
    srv.WaitForConnections(5 * time.Second)
}()
```

以下是使用这些实用程序的简单回显服务器：

```
srv.Listener, err = net.Listen("tcp", "")
if err != nil {
    panic(err)
}
```

```
srv.HandlerFunc = func(ctx context.Context, conn net.Conn) {
    defer conn.Close()
    // 回显服务器
    io.Copy(conn, conn)
}
srv.Listen()
srv.WaitForConnections(5 * time.Second)
```

8.3.3　构建一个简单的 HTTP 服务

现在让我们看一下使用标准库的简单 HTTP 服务。HTTP 是建立在 TCP 之上的基于文本的协议，因此 HTTP 代码非常类似于 TCP 服务器。

HTTP 请求包含一个请求头，该请求头会提供 HTTP 谓词（GET、POST 等）、路径（主机和端口之后的 URL 部分）和 HTTP 标头。

一般来说，HTTP 服务器将针对不同的请求类型使用不同的处理程序，并且可以根据请求头信息（HTTP 动词、路径和标头）确定调用哪个处理程序。这被称为请求多路复用（request multiplexing）。

Go 标准库包括基本多路复用器（multiplexer）。有许多框架提供具有不同性能特征的不同功能。但是，当涉及处理请求的应用程序级别时，你必须牢记一些关键假设：

❑　请求处理程序将同时被调用。

❑　请求可能会被无序接收。也就是说，客户端按一定顺序调用 API 并不意味着服务器会按相同顺序接收这些调用。

❑　你不能信任调用者。你必须对提供特许资源访问权限的 API 的调用者进行身份验证，限制调用者可以发送或接收的数据大小，并验证 API 接收的数据。

标准库提供了一个 http.ServeMux 类型，该类型可以被用作简单的请求多路复用器。你可以使用 Handler 方法和 HandlerFunc 方法将请求处理程序注册到 http.ServeMux 的实例。标准库还声明了一个默认的 ServeMux 实例，因此你可以使用 http.Handler 函数和 http.HandlerFunc 函数将请求处理程序注册到该特定实例。

这意味着你可以执行以下操作：

```
mux := http.NewServeMux()
svc := NewDashboardService()
mux.HandleFunc("/dashboard/", svc.DashboardHandler)
http.ListenAndServe("localhost:10001", mux)
```

这里发生的事情是，我们创建了一个多路复用器，还创建了后端服务实现的实例（这是一个假设的仪表板服务），注册/dashboard/路径的处理程序，然后启动服务器。其余的请求处理发生在 DashboardHandler 方法中。

Go 类型系统允许传递函数变量的方法，因此在本示例中，请求处理程序是一个可以访问 DashBoardService 实现的方法，因此它可以包含所有配置信息、数据库连接和远程服务的客户端等。

在这里需要注意的重要一点是，请求处理程序方法将被并发调用，并且所有这些方法都将使用之前声明的 svc 实例。因此，你如果需要修改 svc 中的任何内容，就必须使用互斥体来保护它。

许多多路复用器支持的常见模式是使用中间件函数构建调用链。此上下文中的中间件是对请求执行某些操作（如身份验证或上下文准备）并将其传递给链中的下一个处理程序的函数。下一个处理程序可以是实际的请求处理程序或另一个中间件。例如，以下中间件将请求正文替换为有限的读取器，以保护服务免受大型请求的影响：

```
func Limit(maxSize int64, next http.HandlerFunc) http.HandlerFunc {
    return http.HandlerFunc(func(w http.ResponseWriter,
        req *http.Request) {
            req.Body = http.MaxBytesReader(w, req.Body, maxSize)
            next(w, req)
    })
}
```

以下中间件可以使用给定的身份验证器函数对调用者进行身份验证，并将用户标识符添加到上下文中。可以看到，如果身份验证失败，它甚至不会调用下一个处理程序：

```
func Authenticate(authenticator func(*http.Request) (string,
error), next http.HandlerFunc) http.HandlerFunc {
    return http.HandlerFunc(func(w http.ResponseWriter,
        req *http.Request) {
            userId, err := authenticate(req)
            if err != nil {
                http.Error(w, err.Error(),
                    http.StatusUnauthorized)
                return
        }
        next(w, req.WithContext(WithUserID(req.Context(), userId)))
    })
}
```

处理程序注册现在变成这样：

```
mux.HandleFunc("/dashboard/", Authenticate(authFunc,
    Limit(10240, svc.DashboardHandler)))
```

完成此设置后，DashboardHandler 可保证接收数据大小不超过 10 KB 的经过身份验证的请求。

接下来，让我们看看处理程序本身。该处理程序将通过计算并返回一些仪表板数据来响应 GET 请求，这些数据由来自多个后端服务的汇总信息组成。POST 请求用于为用户设置仪表板参数。所以，该处理程序看起来如下所示：

```
func (svc *DashboardService) DashboardHandler(w http.
ResponseWriter, req *http.Request) {
    switch req.Method {
    case http.MethodGet:
        dashboard := svc.GetDashboardData(req.Context(),
            GetUserID(req.Context()))
        json.NewEncoder(w).Encode(dashboard)
    case http.MethodPost:
        var params DashboardParams
        if err := json.NewDecoder(req.Body)
            .Decode(&params); err != nil {
                http.Error(w, err.Error(),
                    http.StatusBadRequest)
        }
        svc.SetDashboardConfig(req.Context(),
            GetUserID(req.Context()), params)
    default:
        http.Error(w, "Unhandled request type",
            http.StatusMethodNotAllowed)
    }
}
```

可以看到，上述代码依赖中间件进行身份验证和限制请求大小。

接下来让我们来看 GetDashboardData 方法。

8.3.4　分配工作和收集结果

本示例假设的服务器将与两个后端服务进行通信以收集统计信息。第一个服务返回有关当前用户的信息，第二个服务返回有关账户的信息，该账户可能包括多个用户。在本示例中，我们将它们建模为一些不透明的后端服务，但实际上，这些服务可以是其他 Web 服务、通过 gRPC 调用的微服务或数据库调用：

```
type DashboardService struct {
    Users        UserSvc
    Accounts     AccountSvc
}

type DashboardData struct {
    UserData    UserStats
    AccountData AccountStats
    LastTransactions[]Transaction
}
```

实际的处理程序演示了将工作分配给多个 goroutine 并从中收集结果的若干种方法:

```
func (svc *DashboardService) GetDashboardData(ctx context.
Context, userID string) DashboardData {
result := DashboardData{}
wg := sync.WaitGroup{}
```

（1）第一个 goroutine 调用 Users 服务来收集给定用户标识符的统计信息。它使用等待组来通知工作完成并直接修改结果结构体。只要没有其他 goroutine 触及 result.UserData 字段，这就是安全的。如果该上下文被取消，则由 Users.GetStats 方法尽快返回:

```
wg.Add(1)
go func() {
    defer wg.Done()
    var err error
    // 设置 result.UserData 是安全的，因为只有这一个 gouroutine 访问该字段
    result.UserData, err = svc.Users.GetStats(ctx, userID)
    if err != nil {
        log.Println(err)
    }
}()
```

（2）第二个 goroutine 通过通道获取账户级别的统计信息，但超时时间为 100 ms。这意味着 Accounts.GetStats()方法将创建一个 goroutine 来计算统计信息并异步返回它。当读取此结果时，它会被发送到 select 语句中的 acctCh 通道。

select 语句还将检测上下文取消。如果在 Accounts.GetStats 方法运行时上下文被取消，则它可能会在处理程序返回后继续运行，但它最终应该意识到上下文被取消并返回。如果上下文由于超时而被取消，则将返回账户数据的零值:

```
acctCh := make(chan AccountStats)
go func() {
```

```
    // 确保当 goroutine 返回时 acctCh 通道被关闭，
    // 这样我们就不会无限期被阻塞，
    // 以等待来自该通道的结果
    defer close(acctCh)
    newCtx, cancel := context.WithTimeout(ctx, 100*time.Millisecond)
    defer cancel()
    resultCh := svc.Accounts.GetStats(newCtx, userID)
    select {
        case data := <-resultCh:
            acctCh <- data
        case <-newCtx.Done():
    }
}()
```

（3）第三部分将创建两个收集事务信息的 goroutine（一个用于用户，另一个用于账户）。这些 goroutine 将事务信息异步写入公共通道中，该通道由填充 LastTransactions 切片的另一个 goroutine 侦听。有一个单独的等待组在新的 goroutine 中等待，一旦收到所有数据元素，该 goroutine 就会关闭事务通道：

```
transactionWg := sync.WaitGroup{}
transactionWg.Add(2)
transactionCh := make(chan Transaction)
go func() {
    defer transactionWg.Done()
    for t := range svc.Users.GetTransactions(ctx, userID) {
        transactionCh <- t
    }
}()
go func() {
    defer transactionWg.Done()
    for t := range svc.Accounts.GetTransactions(ctx, userID) {
        transactionCh <- t
    }
}()
go func() {
    transactionWg.Wait()
    close(transactionCh)
}()
```

（4）下一个 goroutine 将从 transactionCh 通道中收集事务。请注意，这是一个扇入操作：

```
wg.Add(1)
go func() {
    defer wg.Done()
    for record := range transactionCh {
        // 更新 result.LastTransactions 是安全的,
        // 因为只有这一个 goroutine 设置它
        result.LastTransactions =
        append(result.LastTransactions, record)
    }
}()
```

（5）我们将等待所有 goroutine 完成,从其通道中读取账户数据,然后返回。来自 acctCh 的接收不会无限期地阻塞,因为它要么返回一个值,要么被关闭,在被关闭的情况下,我们将为 AccountData 返回 0 值:

```
wg.Wait()result.AccountData = <-acctCh
return result
}
```

本示例将演示分配工作和收集结果的多种方法:一种是安全地使用共享内存,另一种则是使用通道。如果使用共享内存,请格外小心保护多个 goroutine 访问的变量;如果使用通道通信,请确保所有 goroutine 正确终止。

8.3.5　信号量——限制并发

如果你想限制并发该怎么做?

这个仪表板处理程序可能非常昂贵,你可能希望限制对它的并发调用数量。信号量可用于此目的。

信号量(semaphore)是多用途的并发原语。信号量保留一个表示可用资源数量的计数器。术语"资源"(resource)应该在抽象意义上理解:它可以指实际的计算资源,也可以简单地意味着进入临界区的许可。线程通过递减计数器的值来使用资源,并通过递增计数器来放弃资源。如果计数器为零,则不允许使用资源,并且线程将被阻塞,直到计数器再次非零。因此,信号量就像带有计数器的互斥体。或者,换一个说法,互斥体是一个二进制信号量。你可以使用容量为 N 的通道作为信号量来控制对资源的 N 个实例的访问:

```
semaphore := make(chan struct{},N)
```

可以通过发送操作获取资源。如果信号量缓冲区已满,此操作将被阻塞:

```
semaphore <- struct{}{}
```

可以通过接收操作放弃资源。这将唤醒其他等待获取资源的 goroutine：

```
<- semaphore
```

我们在这里使用了 struct{} 类型的通道（其大小为 0），因此通道缓冲区实际上不使用任何内存。

这是在可以创建无限数量 goroutine 的程序中限制并发的好方法。

以下示例显示一个中间件，该中间件限制对仪表板处理程序的并发调用：

```
func ConcurrencyLimiter(sem chan struct{}, next http.
HandlerFunc) http.HandlerFunc {
    return http.HandlerFunc(func(w http.ResponseWriter,
        req *http.Request) {
            sem <- struct{}{}
            defer func() { <-sem }()
            next(w, req)
    })
}
```

可使用以下代码定义限制并发的处理程序：

```
mux.HandleFunc("/dashboard/", ConcurrencyLimiter(make(chan
struct{}, limit), svc.DashboardHandler))
```

8.4　流传输数据

典型软件工程师的工作任务通常都与移动和转换数据有关。有时，正在移动或转换的数据没有预定义的大小限制，或者是以零散的方式生成的，因此加载全部数据并进行处理是不合理的。这时你可能需要流传输数据。

当我说流传输（streaming）时，我的意思是对连续生成的数据进行处理。这包括处理实际的字节流（如传输大文件），以及处理结构化对象列表（如从数据库中检索的记录或传感器生成的时间序列数据）。因此，你通常需要一个"生成器"（generator）函数来根据规范收集数据并将其传递到后续层。

8.4.1　构建一个流传输应用程序

接下来，我们将构建一个（假设的）应用程序来处理数据库中存储的时间序列数据。

应用程序将使用查询来选择数据库中的数据子集，计算运行平均值，并在运行平均值超过特定阈值时返回实例。

首先要编写的是生成器：以下代码声明一个 Store 数据类型，其中包含数据库信息。Store 的实例将在程序启动时通过与数据库的连接进行初始化：

```
type Store struct {
    DB *sql.DB // 数据库连接
}
```

Entry 结构体包含在特定时间执行的测量：

```
type Entry struct {
    At      time.Time
    Value   float64
    Error   error
}
```

为什么 Entry 结构体中有 Error？错误报告和处理是流式传输结果的重要考虑因素之一，因为错误可能发生在流式传输的每个阶段：准备期间（例如，运行查询时）、实际流式传输期间（某些条目的检索可能会失败），甚至也可以在处理所有元素之后（流传输停止是因为发送了所有内容，还是因为发生了意外情况）。

与导致数据或错误的同步处理方案不同，流可以包含多个错误以及数据元素。因此，最好将这些错误与每个条目一起进行传递，以便下游处理逻辑可以决定如何处理错误。

以下代码说明了此类生成器方法的一般结构。它被设计为 Store 的一种方法，因此它可以访问数据库连接信息。该方法将获取上下文以及描述所请求结果的查询结构体。它返回一个 Entry 类型的通道，调用者可以从该通道中接收查询结果和错误，该错误描述准备阶段发生的错误（如查询错误）：

```
func (svc Store) Stream(ctx context.Context, req Request) (<-chan
Entry, error) {
    // 通常你应该使用请求构建查询
    rows, err := svc.DB.Query(`select at, value from measurements`)
    if err != nil {
        return nil, err
    }
    ret := make(chan Entry)
    go func() {
        // 关闭通道以通知接收方，数据流已完成
        defer close(ret)
        // 关闭数据库结果集
```

```
        defer rows.Close()
        for {
            var at int64
            var entry Entry
            // 检查取消
            select {
                case <-ctx.Done():
                    return
                default:
            }
            if !rows.Next() {
                break
            }
            if err := rows.Scan(&at,
                &entry.Value); err != nil {
                    ret <- Entry{Error: err}
                    continue
            }
            entry.At = time.UnixMilli(at)
            ret <- entry
        }
        if err := rows.Err(); err != nil {
            ret <- Entry{Error: err}
        }
    }()
    return ret, nil
}
```

该方法将根据请求准备数据库查询并运行它。此阶段的任何错误都会立即作为该方法的 error 值被返回。如果查询成功运行,该方法将启动一个 goroutine 从数据库中检索结果,并返回一个通道,调用者可以从中一一读取结果。

在任何时候,调用者都可以通过取消上下文来取消该生成器方法。

goroutine 首先将推迟一些清理任务,即关闭数据库结果集和关闭结果通道。goroutine 会迭代结果集,并通过通道逐个地发送结果。迭代结果时捕获的任何错误都将在 Entry 结构体的实例中被发送。

当所有数据项都发送完毕后,goroutine 将关闭通道,发出结果已耗尽的信号。如果结果集失败,则会发送一个带有错误的附加 Entry 实例。

这里真正发生的是,Stream 方法将创建一个通过通道发送数据的闭包。这意味着闭包将在 Stream 方法返回后生效。因此,任何需要完成的清理工作都是在闭包中完成的,而不是在 Stream 方法本身中完成的。

　　通过消耗所有结果或取消上下文来确保闭包的终止也很重要；否则，goroutine（以及与之相关的数据库资源）将会泄漏。

　　流处理在结构上类似于数据管道。流处理组件可以一个接一个地被链接起来，以有效的方式处理数据。例如，以下函数将读取输入流并过滤掉低于特定值的条目，同时保留错误条目：

```go
func MinFilter(min float64, in chan<- store.Entry) <-chan store.Entry {
    outCh := make(chan store.Entry)
    go func() {
        defer close(outCh)
        for entry := range in {
            if entry.Err != nil ||
                entry.Value >= min {
                    outCh <- entry
            }
        }
    }()
    return outCh
}
```

　　有时你需要根据某些条件将一个流分成多个流。以下函数将返回一个闭包，将所有错误发送到单独的通道。返回的条目通道现在仅包含没有错误的条目：

```go
func ErrFilter(in <-chan store.Entry) (<-chan store.Entry,
<-chan error) {
    outCh := make(chan store.Entry)
    errCh := make(chan error)
    go func() {
        defer close(outCh)
        defer close(errCh)
        for entry := range in {
            if entry.Error != nil {
                errCh <- entry.Error
            } else {
                outCh <- entry
            }
        }
    }()
    return outCh, errCh
}
```

在对流进行过滤并分离出错误后，我们可以计算测量值的移动平均值，并在移动平均值高于阈值时选择条目。为此，可定义以下新结构体，其中包含条目和移动平均值：

```
type AboveThresholdEntry struct {
    store.Entry
    Avg float64
}
```

然后，以下函数将从输入中通道读取条目并保留测量值的移动平均值。移动平均值由流中最后一个 windowSize 元素的平均值定义。当读取新的测量值时，第一个测量值将从运行总计中被删除，并将新的测量值添加到运行总计中。这需要给定大小的先进先出或循环缓冲区。通道可以兼作这样的缓冲区：

```
func MovingAvg(threshold float64, windowSize int, in <-chan
store.Entry) <-chan AboveThresholdEntry {
    // 通道可以被用作循环/FIFO 缓冲区
    window := make(chan float64, windowSize)
    out := make(chan AboveThresholdEntry)
    go func() {
        defer close(out)
        var runningTotal float64
        for input := range in {
            if len(window) == windowSize {
                avg := runningTotal /
                    float64(windowSize)
                if avg > threshold {
                    out <- AboveThresholdEntry{
                    Entry: input,
                    Avg: avg,
                    }
                }
                // 删除窗口中最早的值
                runningTotal -= <-window
            }
            // 将值添加到窗口中
            window <- input
            runningTotal += input
        }
    }()
    return out
}
```

　　以下代码片段可将所有过程组合在一起。它将流传输来自数据库中的结果，过滤该结果，计算移动平均值，并将选定的条目写入输出。如果在此处理过程中出现任何错误，那么它将在写入所有输出后写入第一个错误：

```
// 流传输结果
ctx, cancel := context.WithCancel(context.Background())
defer cancel()
entries, err := st.Stream(ctx, store.Request{})
if err != nil {
    panic(err)
}
// 删除所有小于 0.001 的条目
filteredEntries := filters.MinFilter(0.001, entries)
// 拆分错误
entryCh, errCh := filters.ErrFilter(filteredEntries)
// 当移动平均值大于 0.5 且窗口大小为 5 时，选择所有条目
resultCh := filters.MovingAvg(0.5, 5, entryCh)
// 捕捉第一个错误，并取消
var streamErr error
go func() {
    for err := range errCh {
        // 捕捉第一个错误
        if streamErr == nil {
            streamErr = err
            cancel()
        }
    }
}()
for entry := range resultCh {
    fmt.Printf("%+v\n", entry)
}
if streamErr != nil {
    fmt.Println(streamErr)
}
```

这里有几点需要注意。

　　首先，有一个单独的 goroutine 从 error 通道中接收数据。当第一个错误被捕获时，它会完全取消流处理。如果发生这种情况，Stream 方法会收到取消消息并关闭条目通道。这将被管道中的下一个处理步骤（MinFilter）检测到，并将关闭其通道。这将一直持续到 resultCh 被关闭，当发生这种情况时，从 resultCh 通道读取的 for 循环也将关闭。下一条语句读取 streamErr 变量，该变量被写入错误处理 goroutine 中，但这不是数据竞争。ErrFilter

函数在关闭 entryCh 之前关闭 errCh，而 entryCh 则在 resultCh 之前被关闭（你能明白这是为什么吗），因此 for 循环的终止保证了 errCh 是关闭的。

其次，结果被收集在主 goroutine 中。使用单独的 goroutine 来收集结果也可以实现相同的结果，但随后你必须使用 sync.WaitGroup 等待两个 goroutine 完成。你还可以选择在主 goroutine 中读取错误，同时在不同的 goroutine 中收集结果。在那里，你必须再次使用 sync.WaitGroup，因为 errCh 通道的关闭发生在 resultCh 通道的关闭之前，所以你必须等待 resultCh 关闭。

并非所有数据流实现都可以使用这样的 Go 并发原语进行链接。例如，你如果有一个使用 HTTP 请求、WebSocket 或 gRPC 等远程过程调用方案的微服务架构，就无法真正使用通道链接组件。其中一些组件将位于网络的不同节点上，因此它们之间的通信将通过网络连接进行。当然，我们之前讨论的基本结构仍然可以在简单适配器的帮助下使用。因此，让我们看一下如何实现此类适配器以有效地利用 Go 并发原语。

首先，我们需要决定我们的对象在网络上的不同组件之间交换时的样子。因此需要序列化（或编组）这些数据对象并通过网络发送它们，然后可以对它们进行反序列化（或解组）以重建原始对象或尽可能接近的对象。

使用诸如 gRPC 之类的 RPC 实现在这些情况下会很有帮助，因为它强制你仅使用可编组/不可编组对象来思考和建模对象。当然，情况并非总是如此。数据交换的常见格式是 JSON，因此在本示例中我们将使用 JSON。

你可能已经立即意识到这里面潜在的问题：虽然可以轻松编组 store.Entry 结构，但在解组时却无法重建 Entry.Error 字段。你如果通过网络连接发送错误，则应实现包含类型和诊断信息的错误结构，以便可以在接收端正确重建它们。

为了简单起见，我们将错误简单地表示为字符串：

```
type Message struct {
    At      time.Time    `json:"at"`
    Value   float64      `json:"value"`
    Error   string       `json:"err"`
}
```

在这里，Message 结构体是 store.Entry 类型的可序列化版本。当通过网络连接发送 store.Entry 类型对象时，我们首先将每个条目转换为消息，将其编码为 JSON，然后编写它。由于我们正在处理流式传输多个此类 store.Entry 结构体，因此我们有一个从中读取流的通道。执行此操作的简单通用适配器如下：

```
func EncodeFromChan[T any](input <-chan T, encode func(T) ([]
byte, error), out io.Writer) <-chan error {
```

```
    ret := make(chan error, 1)
    go func() {
        defer close(ret)
        for entry := range input {
            data, err := encode(entry)
            if err != nil {
                ret <- err
                return
            }
            if _, err := out.Write(data); err != nil {
                if !errors.Is(err, io.EOF) {
                    ret <- err
                }
                return
            }
        }
    }()
    return ret
}
```

该函数将从给定的通道中读取条目，使用给定的 encode 函数将它们序列化，并将结果写入给定的 io.Writer 中。

请注意，它将返回一个 error 通道，该通道的容量为 1。该通道将错误信息传递给调用者，并且由于它的容量为 1，因此即使调用者当前并未从该通道中接收，也可以将错误发送到该通道而不会被阻塞。同一通道还可作为完成信号。使用它的 HTTP 处理程序如下：

```
http.HandleFunc("/db", func(w http.ResponseWriter,req *http.Request) {
    storeRequest := parseRequest(req)
    data, err := st.Stream(req.Context(), storeRequest)
    if err != nil {
        http.Error(w,"Store
            error",http.StatusInternalServerError)
        return
    }
    errCh := EncodeFromChan(data, func(entry store.Entry)
        ([]byte, error) {
        msg := Message{
            At:     entry.At,
            Value:  entry.Value,
        }
        if entry.Error != nil {
            msg.Error = entry.Error.Error()
```

```
        }
        return json.Marshal(msg)
    }, w)
    err = <-errCh
    if err != nil {
        fmt.Println("Encode error", err)
    }
}))
```

这里有几点需要注意。

首先，该处理程序使用了请求上下文调用 store.Stream 函数。因此，如果此 API 的调用者停止侦听流并关闭连接，则上下文将被取消，处理程序将停止生成结果。

其次，来自存储的错误可以作为 HTTP 错误返回，但不能作为来自编码器的错误返回。这是因为当在流中检测到错误时，HTTP 响应标头将已经被写入 200 Ok HTTP 状态，因此无法更改它。最好的办法是停止处理并记录错误。

值得一提的是，这种情况不包括从存储中检索到的有错误的条目。这些被成功传输。仅当编组失败或写入网络连接失败时才会发生该错误。例如，如果调用者终止了连接，则会发生网络连接错误。

与编码函数类似，我们还需要一个用于连接接收端的解码器。以下通用函数将读取和解码消息，并通过通道发送它们。在给定的解码函数中还将进行实际读取操作：

```
func DecodeToChan[T any](decode func(*T) error) (<-chan T,
<-chan error) {
    ret := make(chan T)
    errch := make(chan error, 1)
    go func() {
        defer close(ret)
        defer close(errch)
        var entry T
        for {
            if err := decode(&entry); err != nil {
                if !errors.Is(err, io.EOF) {
                    errch <- err
                }
                return
            }
            ret <- entry
        }
    }()
    return ret, errch
}
```

这次返回了两个通道：一个是实际数据流，一个是错误。

同样，错误通道的容量为 1，因此调用者不需要侦听它。

调用该 API 并传输数据的 HTTP 客户端如下：

```
resp, err := http.Get(APIAddr+"/db")
if err != nil {
    panic(err)
}
defer resp.Body.Close()
decoder := json.NewDecoder(resp.Body)
entries, rcvErr := DecodeToChan[store.Entry](
    func(entry *store.Entry) error {
        var msg Message
        if err := decoder.Decode(&msg); err != nil {
            return err
        }
        entry.At = msg.At
        entry.Value = msg.Value
        if msg.Error != "" {
            entry.Error = fmt.Errorf(msg.Error)
        }
    return nil
})
```

正如你所看到的，这是一个简单的 HTTP 调用，它使用 JSON 解码器来解码响应中的 Message 对象流，并将它们发送到条目通道。

现在，该通道可以被馈送到流处理管道。你可以使用单独的 goroutine 来侦听来自错误通道的错误。

本示例说明了在处理流时如何在读取器/写入器和通道之间进行转换。像这样的流传输结果仅需使用很少的内存，即可快速返回结果，并且扩展性很好，因为数据将在到达时就会被处理。

接下来，我们将使用 WebSocket 来说明如何同时处理多个流。

8.4.2　处理多个流

很多时候，你必须在同时传入和传出多个流的数据之间进行协调。一个简单的例子是使用 WebSocket 的聊天室服务器。与由请求/响应对组成的标准 HTTP 不同，WebSocket 使用 HTTP 上的双向通信，因此你可以对同一连接进行读写操作。它们非常适合系统之间的长时间运行的对话，在该对话中，双方均发送和接收数据，例如我们所说的聊天室的例子。

本小节将开发一个接受来自多个客户端的 WebSocket 连接的聊天室服务器。服务器将把它从客户端收到的消息分发给当时连接的所有客户端。

首先需要定义以下消息结构体：

```
type Message struct {
    Timestamp    time.Time
    Message      string
    From         string
}
```

让我们从客户端开始编写代码。每个客户端将使用 WebSocket 连接到聊天服务器：

```
cli, err := websocket.Dial("ws://"+os.Args[1]+"/chat", "",
"http://"+os.Args[1])
if err != nil {
    panic(err)
}
defer cli.Close()
```

客户端将从终端读取文本输入，并通过该 WebSocket 将其发送到聊天服务器。与此同时，所有客户端也都将侦听传入的消息，所以很明显，我们需要有若干个 goroutine 来同时完成这些事情。

我们首先设置向服务器发送消息和从服务器中接收消息的通道。在下面的代码中，rcvCh 将用于接收从服务器中收到的消息，而 inputCh 则将用于向服务器发送消息：

```
decoder := json.NewDecoder(cli)
rcvCh, rcvErrCh := chat.DecodeToChan(func(msg *chat.Message)
error {
    return decoder.Decode(msg)
})

sendCh := make(chan chat.Message)
sendErrCh := chat.EncodeFromChan(sendCh, func(msg chat.Message)
([]byte, error) {
    return json.Marshal(msg)
}, cli)
```

接下来，使用单独的 goroutine 从终端读取文本并将其发送到服务器：

```
done := make(chan struct{})
go func() {
    scanner := bufio.NewScanner(os.Stdin)
    for scanner.Scan() {
        text := scanner.Text()
        select {
            case <-done:
                return
            default:
        }
        sendCh <- chat.Message{
            Message: text,
        }
    }
}()
```

客户端代码的最后一部分将处理从服务器中接收到的消息：

```
for {
    select {
        case msg, ok := <-rcvCh:
            if !ok {
                close(done)
                return
            }
            fmt.Println(msg)
        case <-sendErrCh:
            return
        case <-rcvErrCh:
            return
    }
}
```

　　服务器涉及的操作更多，因为它必须将从客户端接收到的消息分发给所有连接的客户端。它还必须跟踪连接的客户端，并确保恶意客户端无法破坏整个系统。

　　服务器将有一个包含解码器和编码器 goroutine 的处理函数，类似于我们为客户端提供的处理函数。但是，也存在一些显著差异：

　　首先，服务器将为每个连接的客户端创建一个单独的 goroutine。这意味着如果需要跟踪所有活动连接，则需要一个共享数据结构，因此要有一个互斥体来进行保护。但是，有一种方法可以在没有任何共享内存的情况下做到这一点（因此，也没有任何内存竞争的风险）。我们不共享内存结构，而是创建一个控制器 goroutine，它将跟踪所有活动连接，并将接收到的任何消息发送给它们。当建立新的连接时，我们将使用 connectCh 来发送该连接的数据通道。当连接关闭时，则使用不同的通道 disconnectCh 来发送已发生断开连接的通知。我们还将使用一个 data 通道来接收消息：

```
dispatch := make(chan chat.Message)
connectCh := make(chan chan chat.Message)
disconnectCh := make(chan chan chat.Message)
go func() {
    clients := make(map[chan chat.Message]struct{})
    for {
        select {
            case c := <-connectCh:
                clients[c] = struct{}{}
            case c := <-disconnectCh:
                delete(clients, c)
            case msg := <-dispatch:
                for c := range clients {
                    select {
                        case c <- msg:
                        default:
                            delete(clients, c)
                            close(c)
                    }
                }
        }
    }
}()
```

连接处理程序将处理数据的实际编码和解码：

```
http.Handle("/chat", websocket.Handler(func(conn *websocket.Conn) {
    client := conn.RemoteAddr().String()
    inputCh := make(chan chat.Message, 10)
    connectCh <- inputCh
    defer func() {
        disconnectCh <- inputCh
    }()
    decoder := json.NewDecoder(conn)
    data, decodeErrCh := chat.DecodeToChan(func(msg
        *chat.Message) error {
        err := decoder.Decode(msg)
```

```
        msg.From = client
        msg.Timestamp = time.Now()
        return err
    })
    encodeErrCh := chat.EncodeFromChan(inputCh, func(msg
      chat.Message) ([]byte, error) {
        return json.Marshal(msg)
    }, conn)
    for {
        select {
        case msg, ok := <-data:
            if !ok {
                return
            }
            dispatch <- msg
        case <-decodeErrCh:
            return
        case <-encodeErrCh:
            return
        }
    }
})))
```

正如你所看到的，当一个新连接启动时，将构建一个 input 通道来接收来自所有客户端的消息。这是一个缓冲通道，用于防止恶意客户端在未关闭 WebSocket 的情况下停止读取它。

input 通道将缓冲最后 10 条消息。如果这些消息无法被发送，则控制器将通过关闭 data 通道来终止该客户端的连接。当 data 通道被关闭时，编码 goroutine 将终止，最终将终止该客户端的处理程序。

这个简单的服务器演示了一种在多个客户端之间分发数据流而不会陷入内存竞争问题的方法。许多看起来需要共享数据结构的算法可以被转换为不需要共享数据结构的消息传递算法。当然，这并不总是可行的，因此在开发此类程序时应该评估这两种方法。

如果你打算写入缓存，那么带有互斥体的共享内存更有意义；如果你要协调多个 goroutine 之间的工作，那么使用多个通道的单独 goroutine 更有意义。总之，运用你的判断，尝试编写它，如果你最终得到了意大利面条式的代码，则不妨将它扔掉并使用不同的方法。

8.5　小　　结

本章介绍了处理请求的 Go 语言实用程序和并发模式——主要是通过网络发出的请求。在不断发展的架构中，通常会出现这样的情况：当应用程序转向更加面向服务的架构时，为非网络系统开发的某些组件无法按预期运行。我们希望你能了解这些实用程序和模式背后的基本原理和设计原理，并在你遇到问题时这些知识能对你有所帮助。

第 9 章将详细介绍原子内存操作，解释为什么在使用它们时应该谨慎，以及如何有效地使用它们。

第 9 章　原子内存操作

原子内存操作提供了实现其他同步原语所需的低级基础。一般来说，你可以用互斥体和通道替换并发算法的所有原子操作。然而，它们是有趣且有时令人困惑的结构，你应该深入了解它们是如何工作的。如果你能够谨慎地使用它们，那么它们完全可以成为代码优化的好工具，而不会增加复杂性。

本章将讨论以下主题：
- ❏　原子内存操作的内存保证
- ❏　比较和交换操作
- ❏　原子的实际用途

9.1　技术要求

本章源代码可在本书配套 GitHub 存储库中找到，其网址如下：

https://github.com/PacktPublishing/Effective-Concurrency-in-Go/tree/main/chapter9

9.2　原子内存操作的内存保证

为什么我们需要单独的函数来进行原子内存操作？如果我们写入一个变量，其大小小于或等于机器字长（现代计算机的机器字长一般都是 8 位的整数倍，如 8 位、16 位等，这是由 int 类型定义的东西），例如 a=1，这不就是原子的吗？

Go 内存模型实际上保证了写操作是原子的，但是它并不能保证其他 goroutine 何时会看到该写操作的效果。

让我们仔细分析这句话的含义。第一层意思是说，如果你从一个 goroutine 中写入与机器字长（即 int）大小相同的共享内存位置并从另一个 goroutine 中读取它，那么即使存在竞争，你也不会观察到一些随机值。内存模型保证你只会观察到写入操作之前的值或写入操作之后的值（并非所有语言都如此）。这也意味着，如果写操作大于机器字长，那么读取该值的 goroutine 可能会看到底层对象处于不一致的状态。例如，string 值包括两个值：指向底层数组的指针和字符串长度。对这些单独字段的写入操作是原子的，但快速读取操作可能会读取带有 nil 数组但长度非零的字符串。

这句话的第二层意思是说，编译器可能优化或重新排序代码，或者硬件可能乱序执行内存操作，从而使另一个 goroutine 在预期时间无法看到写入操作的效果。说明这一点的标准示例就是以下内存竞争：

```go
func main() {
    var str string
    var done bool
    go func() {
        str = "Done!"
        done = true
    }()
    for !done {
    }
    fmt.Println(str)
}
```

这里就存在内存竞争，因为 str 变量和 done 变量在一个 goroutine 中被写入并在另一个 goroutine 中被读取，但没有显式同步。

该程序有多种可能的结果：

❑ 它可以输出 Done! 。

❑ 它可以输出一个空字符串。这意味着主 goroutine 可以看到对 done 的内存写入，但看不到对 str 的内存写入。

❑ 程序可能会挂起。这意味着主 goroutine 看不到对 done 的内存写入。

这就是原子操作发挥作用的地方。以下程序是没有内存竞争的：

```go
func main() {
    var str done atomic.Value
    var done atomic.Bool
    str.Store("")
    go func() {
        str.Store("Done!")
        done.Store(true)
    }()
    for !done.Load() {
    }
    fmt.Println(str.Load())
}
```

原子操作的内存保证如下。如果原子内存写入的效果可以通过原子读取观察到，则原子写入发生在原子读取之前。这也保证了以下程序要么输出 1，要么不输出任何东西（永远都不会输出 0）：

```
func main() {
    var done atomic.Bool
    var a int
    go func() {
        a = 1
        done.Store(true)
    }()
    if done.Load() {
        fmt.Println(a)
    }
}
```

值得一提的是，这里仍然存在着竞争条件，但不是内存竞争。根据语句的执行顺序，主 goroutine 可能会也可能不会看到 done 为 true。但是，如果主 goroutine 看到 done 为 true，那么就可以保证 a=1。

这就是为什么使用原子操作会变得复杂的原因之一：内存排序保证是有条件的。它们永远不会阻塞正在运行的 goroutine，因此你测试原子读取是否返回变量的特定值这一事实并不意味着当 if 语句主体运行时它仍然具有相同的值。这就是为什么在使用原子操作时需要小心。使用它们很容易陷入竞争条件，就像之前的程序这样。

请记住这一点——你始终可以在没有原子操作的情况下编写相同的程序。

9.3　比较和交换操作

每当你需要测试条件并根据结果采取行动时，你都可以创建竞争条件。例如，尽管使用了原子操作，但以下函数并不能阻止互斥：

```
var locked sync.Bool

func wrongCriticalSectionExample() {
    if !locked.Load() {
        // 其他 goroutine 现在可以锁定它！
        locked.Store(true)
        defer locked.Store(false)
        // 该 goroutine 进入临界区
```

```
        // 但其他 goroutine 也可以
    }
}
```

该函数首先测试原子 locked 值是否为 false。两个 goroutine 可以同时执行这条语句，并且看到它为 false，它们都可以进入临界区并将 locked 设置为 true。

这里需要的是包含比较和存储操作的原子操作，也就是比较和交换（compare-and-swap，CAS）操作。正如其名称所暗示的那样，它将比较变量是否具有预期值，如果是，则自动将该值与给定值进行交换。如果变量具有不同的值，则不会发生任何更改。也就是说，CAS 操作是以下形式的，并以原子方式完成：

```
if *variable == testValue {
    *variable = newValue
    return true
}
return false
```

现在你可以真正实现非阻塞互斥体：

```
func criticalSection() {
    if locked.CompareAndSwap(false,true) {
    defer locked.Store(false)
    // 临界区
    }
}
```

只有当 locked 为 false 时才会进入临界区。如果是这种情况，那么它会自动将 locked 设置为 true 并进入其临界区；否则，它将跳过临界区并继续。因此，这实际上可以用来代替 Mutex.TryLock。

9.4　原子的实际用途

以下是使用原子的一些示例。这些是原子在不同场景中的简单无竞争用例。

9.4.1　计数器

原子可以用作高效的并发安全计数器。

以下程序示例将创建许多 goroutine，其中每个 goroutine 都会将共享计数器加 1。另一个 goroutine 则循环直至计数器达到 10000。由于这里使用了原子，因此该程序是无竞争的，并且它始终会通过最终输出 10000 来终止：

```
var count int64

func main() {
    for i := 0; i < 10000; i++ {
        go func() {
            atomic.AddInt64(&count, 1)
        }()
    }
    for {
        v := atomic.LoadInt64(&count)
        fmt.Println(v)
        if v == 10000 {
            break
        }
    }
}
```

9.4.2 心跳和进度表

有时，goroutine 可能会变得无响应或无法按需要快速进行。心跳实用程序和进度表可用于观察此类 goroutine。有若干种方法可以做到这一点。例如，被观察的 goroutine 可以使用非阻塞发送来宣布进度，或者它可以通过增加由互斥体保护的共享变量来宣布其进度。原子允许我们在没有互斥体的情况下实现共享变量方案。这样做还有一个好处是可以被多个 goroutine 观察而无须额外的同步。

让我们定义一个包含原子值的简单 ProgressMeter 类型：

```
type ProgressMeter struct {
    progress int64
}
```

被观察的 goroutine 使用以下方法来指示其进度。此方法只是自动将进度值递增 1：

```
func (pm *ProgressMeter) Progress() {
    atomic.AddInt64(&pm.progress, 1)
}
```

Get 方法可以返回进度的当前值。请注意，该负载是原子的，否则就有可能会丢失对变量的原子添加：

```
func (pm *ProgressMeter) Get() int64 {
```

```
    return atomic.LoadInt64(&pm.progress)
}
```

此实现中的一个重要细节是 Progress()方法和 Get()方法都必须是原子的。假设你还想保留记录最后进度时的时间戳，则可以添加时间戳变量并使用另一个原子读/写：

```
type WrongProgressMeter struct {
    progress    int64
    timestamp   int64
}

func (pm *WrongProgressMeter) Progress() {
    atomic.AddInt64(&pm.progress, 1)
    atomic.StoreInt64(&pm.timestamp,
        time.Now().UnixNano())
}

func (pm *WrongProgressMeter) Get() (n int64 ,ts int64) {
    n = atomic.LoadInt64(&pm.progress)
    ts = atomic.LoadInt64(&pm.timestamp)
    return
}
```

此实现可以读取具有陈旧时间戳的更新进度值。原子的使用保证了写入操作按照它们被写入的顺序进行观察，但它不能保证 ProgressMeter 更新的原子性。正确的实现应该使用 Mutex 来确保原子更新。

现在让我们编写一个长时间运行的 goroutine，使用此进度表来宣布其进度。

以下 goroutine 将休眠 120 ms 并记录其进度：

```
func longGoroutine(ctx context.Context, pm *ProgressMeter) {
    for {
        select {
            case <-ctx.Done():
                fmt.Println("Canceled")
                return
            default:
        }
        time.Sleep(time.Duration(rand.Intn(120)) *
            time.Millisecond)
        pm.Progress()
    }
}
```

　　观察者 goroutine 将期望被观察的 goroutine 至少每 100 ms 记录一次其进度。如果没有发生，那么它将取消上下文以终止被观察的 goroutine，它自己也会终止。

　　通过这种设置，被观察的 goroutine 最终将在两次进度公告之间花费超过 100 ms 的时间；因此，程序应该终止：

```
func observer(ctx context.Context, cancel func(), progress
*ProgressMeter) {
    tick := time.NewTicker(100 * time.Millisecond)
    defer tick.Stop()
    var lastProgress int64
    for {
        select {
            case <-ctx.Done():
            return
            case <-tick.C:
                p := progress.Get()
                if p == lastProgress {
                    fmt.Println("No progress since
                        last time, canceling")
                    cancel()
                    return
                }
                fmt.Printf("Progress: %d\n", p)
                lastProgress = p
        }
    }
}
```

可以通过使用上下文和进度表创建长时间运行的 goroutine 及其观察者来连接它：

```
func main() {
    var progress ProgressMeter
    ctx, cancel := context.WithCancel(
        context.Background())
    defer cancel()
    wg := sync.WaitGroup{}
    wg.Add(1)
    go func() {
        defer wg.Done()
        longGoroutine(ctx, &progress)
    }()
    go observer(ctx, cancel, &progress)
```

```
    wg.Wait()
}
```

可以看到，我们将 cancel 函数传递给了观察者，以便它可以向被观察的 goroutine 发送取消的消息。

接下来，我们将研究另一种用途。

9.4.3　取消

在前面的章节中，我们已经研究过通过关闭通道来发出取消信号。Context 实现可以使用此范式来发出取消和超时信号。使用原子也可以实现简单的取消方案：

```
func CancelSupport() (cancel func(), isCancelled func() bool) {
    v := atomic.Bool{}
    cancel = func() {
        v.Store(true)
    }
    isCancelled = func() bool {
        return v.Load()
    }
    return
}
```

CancelSupport 函数返回两个闭包，其中，cancel() 函数可被调用以发出取消信号，而 isCancelled() 函数则可用于检查取消请求是否已注册。这两个闭包共享一个原子 bool 值，这可以按如下方式使用：

```
func main() {
    cancel, isCanceled := CancelSupport()
    wg := sync.WaitGroup{}
    wg.Add(1)
    go func() {
        defer wg.Done()
        for {
            time.Sleep(100 * time.Millisecond)
            if isCanceled() {
                fmt.Println("Cancelled")
                return
            }
        }
    }()
    time.AfterFunc(5*time.Second, cancel)
```

```
    wg.Wait()
}
```

9.4.4　检测变化

假设你有一个可以从多个 goroutine 中更新的共享变量。你读取此变量，执行了一些计算，现在你想要更新它。但是，在你获得副本后，另一个 goroutine 可能已经修改了该变量。因此，当且仅当其他 goroutine 没有更改此变量时，你才可以更新它。

以下代码片段使用比较和交换（CAS）操作对此进行说明：

```
var sharedValue atomic.Pointer[SomeStruct]

func updateSharedValue() {
    myCopy := sharedValue.Load()
    newCopy := computeNewCopy(*myCopy)
    if sharedValue.CompareAndSwap(myCopy, &newCopy) {
        fmt.Println("Set value successful")
    } else {
        fmt.Println("Another goroutine modified the value")
    }
}
```

这段代码很容易出现竞争，所以你必须小心。SharedValue.Load()调用以原子方式返回指向共享值的指针。如果另一个 goroutine 修改了指向*sharedValue 对象的内容，则出现了竞争。仅当所有 goroutine 以原子方式获取指针并复制底层数据结构时，这才有效。然后，我们使用 CAS 写入修改后的副本，但如果另一个 goroutine 表现得更快，则写入操作会失败。

9.5　小　　结

总之，你不需要原子来实现正确的并发算法。但是，如果你发现并发瓶颈，那么使用它们可能会是很好的解决方案。你可以用原子替换一些简单的互斥体保护的更新（如计数器），前提是你还使用原子读取方式来读取它们。你可以使用 CAS 操作来检测并发修改，但也要注意很少有并发算法需要这样做。

第 10 章将了解如何在并发程序中诊断问题并排除故障。

第 10 章 解决并发问题

所有较为复杂的程序都会出现错误。当你意识到程序中存在一些异常情况时，启动调试会话通常不是你应该做的第一件事。本章将介绍一些无须使用调试器即可进行故障排除的技术。你可能会发现，尤其是在处理并发程序时，调试器有时并不能提供太多帮助，更有效的解决方案依赖于仔细阅读代码、日志和理解堆栈跟踪信息。

本章将讨论以下主题：

❑　解读堆栈跟踪信息
❑　检测故障并修复
❑　调试异常

10.1　技 术 要 求

本章源代码可在本书配套 GitHub 存储库中找到，其网址如下：

https://github.com/PacktPublishing/Effective-Concurrency-in-Go/tree/main/chapter10

10.2　解读堆栈跟踪信息

如果幸运的话，当出现问题时，你的程序会出现恐慌，并输出出大量诊断信息。之所以说你很幸运，是因为如果你有一个恐慌程序的输出，那么通常只需将它与源代码一起查看就可以找出问题所在。

现在让我们来仔细研究一些堆栈跟踪信息。

10.2.1　哲学家进餐程序的死锁问题

我们要讨论的第一个例子是哲学家进餐问题的一个容易出现死锁的实现，该程序中只有两个哲学家：

```
func philosopher(firstFork, secondFork *sync.Mutex) {
```

```
    for {
        firstFork.Lock()
        secondFork.Lock() // line: 10
        secondFork.Unlock()
        firstFork.Unlock()
    }
}

func main() {
    forks := [2]sync.Mutex{}
    go philosopher(&forks[1], &forks[0]) // line: 18
    go philosopher(&forks[0], &forks[1]) // line: 19
    select {} // line: 20
}
```

由于嵌套锁的循环性质，该程序最终会死锁。当发生这种情况时，运行时会检测到程序中没有剩余的活动 goroutine 并输出堆栈跟踪信息。

该堆栈跟踪信息从根本原因开始（在本例中为 deadlock）：

```
fatal error: all goroutines are asleep - deadlock!
```

然后它列出了所有活动的 goroutine，从引起恐慌的 goroutine 开始。在死锁的情况下，这可以是任何一个死锁的 goroutine。

以下堆栈跟踪信息从 main 中的空 select 语句（第 20 行）开始。它表明有一个 goroutine 正在等待该 select 语句：

```
goroutine 1 [select (no cases)]:
main.main()
/home/bserdar/github.com/Writing-Concurrent-Programs-in-Go/
chapter10/stacktrace/deadlock/main.go:20 +0xa5
```

第二个 goroutine 堆栈信息显示了该 goroutine 遵循的路径：

```
goroutine 17 [semacquire]:
sync.runtime_SemacquireMutex(0x0?, 0x1?, 0x0?)
/usr/local/go/src/runtime/sema.go:77 +0x25
sync.(*Mutex).lockSlow(0xc00010e000)
/usr/local/go/src/sync/mutex.go:171 +0x165
sync.(*Mutex).Lock(...)
/usr/local/go/src/sync/mutex.go:90
main.philosopher(0xc00010e008, 0xc00010e000)
/home/bserdar/github.com/Writing-Concurrent-Programs-in-Go/
```

```
chapter10/stacktrace/deadlock/main.go:10 +0x66
created by main.main
/home/bserdar/github.com/Writing-Concurrent-Programs-in-Go/
chapter10/stacktrace/deadlock/main.go:18 +0x65
```

可以看到，第一个条目来自运行时包，即未导出的 runtime_SemacquireMutex 函数，该函数使用了 3 个参数进行调用。带问号显示的参数是运行时无法可靠捕获的值，因为它们是在寄存器中传递的，而不是被推到堆栈上的。

我们可以非常确定，至少第一个参数不正确，因为如果你查看堆栈跟踪中输出的源代码（.../go/src/runtime/sema.go:77），它就是 uint32 值的地址（如果你自己测试此代码，则行号可能与此处显示的不匹配。重要的是，你仍然可以通过查看环境中输出的行号来检查 Go 标准库函数和你的函数）。

该函数由 Mutex.lockSlow 调用。你如果检查源代码，就会看到 Mutex.lockSlow 不带任何参数，但堆栈跟踪却显示了一个。该参数是 lockSlow 方法的接收者，它是调用它的互斥体的地址。因此，在这里我们可以看到作为此调用主体的互斥体位于地址 0xc00010e00 处。

向下移动到下一个条目，我们看到该方法是由 Mutex.Lock 调用的。接下来的条目显示了在我们的程序中调用此 Mutex.Lock 的位置：第 10 行。这对应于 secondFork.Lock 行。堆栈跟踪中的下一个条目还显示该 goroutine 是由 main 在第 18 行创建的。

记下传递给函数的参数，我们看到 main.philosopher 函数有两个参数：两个互斥体的地址。由于 lockSlow 方法传递了地址 0xc00010e000 处的互斥体，我们可以推断它是 &forks[0]处。因此，这个 goroutine 在尝试锁定&forks[0]时被阻塞。

第三个 goroutine 遵循类似的路径，但这次哲学家 goroutine 从第 19 行开始，对应于第二个哲学家。按照类似的推理，你可以看到这个 goroutine 试图将互斥体锁定在 0xc00010e008 处，即&forks[1]：

```
goroutine 18 [semacquire]:
sync.runtime_SemacquireMutex(0x0?, 0x0?, 0x0?)
/usr/local/go/src/runtime/sema.go:77 +0x25
sync.(*Mutex).lockSlow(0xc00010e008)
/usr/local/go/src/sync/mutex.go:171 +0x165
sync.(*Mutex).Lock(...)
/usr/local/go/src/sync/mutex.go:90
main.philosopher(0xc00010e000, 0xc00010e008)
/home/bserdar/github.com/Writing-Concurrent-Programs-in-Go/
chapter10/stacktrace/deadlock/main.go:10 +0x66
created by main.main
```

```
/home/bserdar/github.com/Writing-Concurrent-Programs-in-Go/
chapter10/stacktrace/deadlock/main.go:19 +0x9b
```

该堆栈跟踪信息显示了死锁发生的位置。第一个 goroutine 正在等待锁定&forks[0]，这意味着它已经锁定了&forks[1]。第二个 goroutine 正在等待锁定&forks[1]，这意味着它已经锁定了&forks[0]，因此出现死锁。

10.2.2　链表指针问题

现在让我们来看一个更有趣的恐慌。以下程序包含一个竞争条件，并且偶尔会出现恐慌：

```
func main() {
    wg := sync.WaitGroup{}
    wg.Add(2)
    ll := list.New()
    // 填充列表的 goroutine
    go func() {
        defer wg.Done()
        for i := 0; i < 1000000; i++ {
            ll.PushBack(rand.Int()) // line 18
        }
    }()
    // 清空列表的 goroutine
    go func() {
        defer wg.Done()
        for i := 0; i < 1000000; i++ {
            if ll.Len() > 0 {
                ll.Remove(ll.Front())
            }
        }
    }()
    wg.Wait()
}
```

该程序包含两个 goroutine：一个可以将元素添加到共享链表的末尾，另一个则从链表的开头删除元素。该程序通常可以正常运行直至完成，但有时它也会出现恐慌，其堆栈跟踪信息如下所示：

```
panic: runtime error: invalid memory address or nil pointer dereference
[signal SIGSEGV: segmentation violation code=0x1 addr=0x0
pc=0x459570]
```

```
goroutine 17 [running]:
container/list.(*List).insert(...)
/usr/local/go/src/container/list/list.go:96
container/list.(*List).insertValue(...)
/usr/local/go/src/container/list/list.go:104
container/list.(*List).PushBack(...)
/usr/local/go/src/container/list/list.go:152
main.main.func1()
/home/bserdar/github.com/Writing-Concurrent-Programs-in-Go/
chapter10/stacktrace/listrace/main.go:18 +0x170
created by main.main
/home/bserdar/github.com/Writing-Concurrent-Programs-in-Go/
chapter10/stacktrace/listrace/main.go:15 +0xcd
exit status 2
```

这是一个分段违规错误，这意味着程序试图访问不允许的内存部分。在这种情况下，恐慌表明它是 addr=0x0，因此程序尝试访问 nil 指针的内容。上述堆栈跟踪信息显示了这是如何发生的：

main.go:18 是调用 List.PushBack 的地方。从下到上追溯该堆栈跟踪信息，可以看到 List.PushBack 调用了 List.insertValue，而后者又调用了 List.insert。nil 指针访问发生在 List.insert 中，位于第 96 行。其源代码如下：

```
92: func (l *List) insert(e, at *Element) *Element {
93:     e.prev = at
94:     e.next = at.next
95:     e.prev.next = e
96:     e.next.prev = e          // 这是恐慌发生的地方
97:     e.list = l
```

现在可以做一些简单的演绎推理：如果 e 为 nil，或者 e.next 为 nil，则第 96 行可能会出现恐慌。查看源代码发现，e 不能为 nil，否则，它会在第 96 行之前发生恐慌。因此可以合理推断，e.next 必为 nil。那么这是否意味着，标准库代码中存在错误，因为该赋值是在没有进行 nil 检查的情况下完成的？

在这种情况下，更多地了解底层代码比仅仅插入一个 nil 检查更有帮助。如果你查看源代码中的注释，则会发现：

```
// To simplify the implementation, internally a list l is
// implemented
// as a ring, such that &l.root is both the next element of
// the last
```

```
// list element (l.Back()) and the previous element of the
// first list
// element (l.Front()).
```

该段注释的意思是：为了简化实现，所以在内部，链表 1 被实现为一个环，这样&l.root 既是最后一个链表元素（l.Back()）的下一个元素，也是第一个链表元素（l.Front()）的上一个元素。

由于该链表是作为环实现的，因此 next 和 prev 指针不能为 nil。即使链表中只有一个结点，该结点的指针也会指向该结点本身。因此，在代码的某些地方，这些指针必定被设置为 nil。浏览赋给 nil 值的源代码，我们发现以下内容：

```
func (l *List) remove(e *Element) {
    e.prev.next = e.next
    e.next.prev = e.prev
    e.next = nil      // 避免内存泄漏
    e.prev = nil      // 避免内存泄漏
    e.list = nil
    l.len--
}
```

就在这里！当一个元素从列表中被删除时，通过将其指针分配为 nil 来将其从环中分离出来。此行为表明在 insert 和 remove 同时运行的地方出现了竞争条件。List.remove 将结点的下一个指针设置为 nil，但这个被删除的结点被用作 List.insert 的参数，从而导致了恐慌。解决方案是创建一个互斥体，并将所有链表操作移至该互斥体保护的临界区内（而不是添加 nil 检查。）

正如我们试图在这里所演示的那样，充分了解发生恐慌的情况始终是最明智的。大多数时候，这需要你研究并找出有关底层数据结构的假设。就像上面的链表示例一样，如果数据结构被编写为不能有 nil 指针，那么当你看到 nil 指针时，所考虑的就不应该是添加 nil 检查，而是要尝试理解为什么最终会出现 nil 指针。

10.3　检测故障并修复

尽管付出了努力来进行测试，但大多数软件系统还是会出现问题。这表明通过测试可以实现的目标是有限的。之所以有限主要源于有关复杂软件系统的几个事实：

首先，任何较为复杂的系统都需要与其环境进行交互，枚举系统运行的所有可能环境是不切实际的（并且在许多情况下这完全就是不可能的）。

其次，你也许可以测试某个系统以确保其按预期运行，但通过测试以确保系统不会出现意外行为则要困难得多。

此外，并发也增加了额外的复杂性：在特定场景下测试成功的程序在投入生产环境时可能会在相同场景下失败。

10.3.1　正确认识失败

坦率地说，无论你对程序进行过多少次测试，所有足够复杂的程序最终都会失败。因此，构建系统以实现优雅的故障处理和快速恢复是有意义的。该架构的一部分用于检测异常并在可能的情况下修复异常的基础设施。云计算和容器技术提供了许多检测程序故障的工具和重新启动程序的编排工具。其他监控、警报和自动恢复工具也可用于具有传统可执行文件的非基于云的部署。

其中一些异常是累积性错误，会随着时间的推移而增长，直到耗尽所有资源。内存泄漏和 goroutine 泄漏就是此类故障。如果你发现程序因内存不足错误而反复重启，则应该搜索内存或 goroutine 泄漏。Go 标准库为此提供了工具：

❑　使用 runtime/pprof 包可向你的程序中添加性能分析支持，并在受控环境中运行它以复制泄漏。添加一个标志来启用性能分析是有意义的，这样你就可以打开和关闭性能分析而无须重新编译。你可以使用 CPU 或堆分析来确定泄漏的来源。

❑　使用 net/http/pprof 包可通过 HTTP 服务器发布性能分析任务，以便你可以观察程序在运行时如何使用内存。

有时，这些异常并不是错误，而是由对其他系统的依赖引起的。例如，你的程序可能依赖于服务的响应，该响应有时需要很长时间才能返回，或者根本无法返回。如果无法取消该服务，那么这将成为一个很大的问题。

大多数基于网络的系统最终都会超时，但该超时对于你的程序来说可能是不可接受的值。你的程序也可能调用已经挂起的服务或第三方库。一个实用的解决方案可能是优雅地终止程序并让编排系统启动程序的新实例。

10.3.2　找出失败的原因

我们首先要解决的问题是检测故障。让我们举一个较为复杂的现实例子：假设有一个程序调用 SlowFunc 函数，有时这需要很长时间才能完成。另外，假设无法取消该函数，但我们也不希望程序无限期地等待 SlowFunc 的结果，所以制定了以下方案：

❑　如果对 SlowFunc 的调用在给定持续时间（CallTimeout）内成功，则返回结果。

❑ 如果对 SlowFunc 的调用持续时间超过 CallTimeout，则返回 Timeout 错误。由于无法取消 SlowFunc，因此它将继续在单独的 goroutine 中运行，直到完成。

❑ 可能有很多对 SlowFunc 的调用需要很长时间，因此我们希望将活动并发调用的数量限制为给定数量。如果所有可用的并发调用都在等待 SlowFunc 完成，则该函数应立即失败并出现 Busy 错误。

❑ 如果最大并发调用数中没有任何调用在给定超时（AlertTimeout）内做出响应，则发出警报。

让我们将此方案开发为通用类型 Monitor[Req,Rsp any]，其中 Req 和 Rsp 分别是请求和响应类型：

```
type Monitor[Req, Rsp any] struct {
    // 等待函数返回的时间量
    CallTimeout    time.Duration
    // 当所有并发调用都在进行时，等待发出警报的时间量
    AlertTimeout   time.Duration
    // 警报通道
    Alert          chan struct{}
    // 将要监视的函数
    SlowFunc       func(Req) (Rsp, error)
    // 此通道将跟踪对 SlowFunc 的并发调用
    active         chan struct{}
    // 此通道的信号表示活动通道已满
    full           chan struct{}
    // 当 SlowFunc 的实例返回时，它将生成一个 heartBeat
    heartBeat      chan struct{}
}
```

Monitor.Call 函数通过实现上面描述的超时方案来调用 Monitor.SlowFunc。此函数可以返回三个可能值之一：包含或不包含错误的有效响应、Monitor.CallTimeout 后的超时错误或立即的 Busy 错误：

```
func (mon *Monitor[Req, Rsp]) Call(ctx context.Context, req
Req) (Rsp, error) {
    var (
        rsp Rsp
        err error
    )
// 如果该monitor无法接受新的调用，则立即返回 ErrBusy
// 同时启动警报计时器
    select {
```

```
            case mon.active <- struct{}{}:
        default:
                // 启动警报计时器
                select {
                    case mon.active <- struct{}{}:
                    case mon.full <- struct{}{}:
                        return rsp, ErrBusy
                    default:
                        return rsp, ErrBusy
                }
        }

    // 在单独的 goroutine 中调用函数
    complete := make(chan struct{})
    go func() {
        defer func() {
            // 通知该 monitor 函数已返回
            <-mon.active
            select {
                case mon.heartBeat <- struct{}{}:
                default:
            }
            // 通知调用者该调用已完成
            close(complete)
        }()
        rsp, err = mon.SlowFunc(req)
    }()
    // 等待结果或超时
    select {
        case <-time.After(mon.CallTimeout):
            return rsp, ErrTimeout
        case <-complete:
            return rsp, err
    }
}
```

　　让我们来仔细分析这个方法。进入后，该方法尝试发送到 mon.active。这是一个非阻塞发送，因此仅当活动并发调用数小于允许的最大值时才会成功。如果正在进行的并发调用已达到最大数量，则选择默认情况，尝试再次发送到 mon.active。这是模拟通道之间优先级的典型方式。

　　在这里，mon.active 优先。如果无法发送到 mon.active，那么它将尝试发送到 mon.full。

仅当有一个 goroutine 等待接收来自它的数据时，才会启用此功能。很明显，只有当 mon.active 已满但警报计时器尚未启动时，这才是可能的。

如果计时器启动，控制警报计时器的 goroutine 将不会从此通道进行侦听，因此将选择默认情况。如果发生这种情况，调用将返回 ErrBusy。如果发送到 mon.full 成功，则此调用将启动计时器，并将返回 ErrBusy。

第二部分是对 mon.SlowFunc 的实际调用。这是在一个单独的 goroutine 中完成的。由于无法取消 mon.SlowFunc，因此只有当 mon.SlowFunc 返回时，这个 goroutine 才会返回。如果 mon.SlowFunc 返回，会发生几件事：

首先，来自 mon.active 的接收会从中删除一个条目，以便监视器可以接受另一个调用。

其次，非阻塞发送到 mon.heartBeat 通道将停止警报计时器。这是一个非阻塞发送，因为如稍后所示，如果警报计时器处于活动状态，则向 mon.heartBeat 的发送将会成功，如果警报计时器未处于活动状态，则 goroutine 不会侦听 mon.heartBeat 通道。

在最后一部分，我们等待 mon.SlowFunc 的结果。如果整个通道关闭，那么我们就准备好了结果并且可以返回它们。如果首先发生超时，则返回 ErrTimeout。如果 mon.SlowFunc 在此之后返回（这很可能会发生），则结果将被丢弃。

有趣的部分是监视 goroutine 本身。它被嵌入 NewMonitor 函数中：

```go
func NewMonitor[Req, Rsp any](callTimeout time.Duration,
    alertTimeout time.Duration,
    maxActive int,
    call func(Req) (Rsp, error)) *Monitor[Req, Rsp] {
mon := &Monitor[Req, Rsp]{
    CallTimeout:    callTimeout,
    AlertTimeout:   alertTimeout,
    SlowFunc:       call,
    Alert:          make(chan struct{}, 1),
    active:         make(chan struct{}, maxActive),
    Done:           make(chan struct{}),
    full:           make(chan struct{}),
    heartBeat:      make(chan struct{}),
}

go func() {
    var timer *time.Timer
    for {
        if timer == nil {
            select {
                case <-mon.full:
```

```
                        timer = time.NewTimer(mon.AlertTimeout)
                    case <-mon.Done:
                        return
                }
            } else {
                select {
                    case <-timer.C:
                        mon.Alert <- struct{}{}
                    case <-mon.heartBeat:
                        if !timer.Stop() {
                            <-timer.C
                        }
                    case <-mon.Done:
                        return
                }
                timer = nil
            }
        }
    }()

    return mon
}
```

该 goroutine 有两种状态：一种是当 timer==nil 时，另一种是当 timer 不等于 nil 时。

当 timer==nil 时，意味着正在进行的并发调用少于 maxActive，因此不需要警报计时器。在这种状态下，将侦听 mon.full 通道。正如我们之前所看到的，如果其中一个调用发送到 mon.full 通道，则监视器将创建一个新的计时器，然后进入第二种状态。

在第二种状态下，我们将侦听 timer 通道和 heartBeat 通道（注意，不是 mon.full 通道，因此在 mon.Call 中进行非阻塞发送是必要的）。如果 mon.heartBeat 在计时器之前到来，则停止计时器，并将其设置为 nil，将 goroutine 再次置于第一种状态。如果计时器先响起，则会发出警报。

要使用监视器，必须初始化该监视器一次，并通过该监视器调用 SlowFunc：

```
// 初始化监视器，设置调用超时为 50 ms，警报超时为 5 s，最多 10 个并发调用。
// 目标函数是 SlowFunc
var myMonitor = NewMonitor[*Request,*Response](50*time.
Millisecond,5*time.Second,10,SlowFunc)
```

还必须设置一个 goroutine 来处理警报：

```
go func() {
```

```
    for {
        select {
            case <-myMonitor.Alert:
                // 处理警报
            case <-myMonitor.Done:
                return
        }
    }
}()
```

然后，通过该监视器调用目标函数：

```
response, err := myMonitor.Call(request)
```

10.3.3　尝试从失败中恢复

在上一小节示例应用程序场景中，你实际上无法从错误中恢复。当警报被触发时，你可以发送电子邮件或聊天消息来通知某人，或者简单地输出出日志并终止，以便可以重新启动一个全新的进程。

有时重新启动失败的 goroutine 是有意义的。当一个 goroutine 长时间没有响应时，一个简单的监视器可以取消该 goroutine 并创建它的一个新实例：

```
func restart(done chan struct{}, f func(done, heartBeat chan
struct{}), timeout time.Duration) {
    for {
        funcDone := make(chan struct{})
        heartBeat := make(chan struct{})
        // 在 goroutine 中启动函数
        go func() {
            f(funcDone, heartBeat)
        }()
        // 在超时之前期望接收到心跳
        timer := time.NewTimer(timeout)
        retry := false
        for !retry {
            select {
            case <-done:
                close(funcDone)
                return
            case <-heartBeat:
                // 心跳先于超时到来，重置计时器
```

```
                    if !timer.Stop() {
                        <-timer.C
                    }
                    timer.Reset(timeout)
                case <-timer.C:
                    fmt.Println("Timeout, restarting func")
                    // 尝试终止当前函数
                    close(funcDone)
                    // 退出 for 循环，以启动新 goroutine
                    retry = true
                }
            }
        }
}
...
// 运行 longRunningFunc，设置超时为 100 ms
restart(doneCh, longRunningFunc, 100*time.Millisecond)
```

如果 longRunningFunc 未能每 100 ms 传递一次心跳信号，则将重启 longRunningFunc。这可能是因为 longRunningFunc 函数失败，也可能是因为它正在等待另一个无响应的长时间运行的进程。

10.4　调　试　异　常

并发算法有一种情况是：在被观察时可以正常工作，在未被观察时失败。这就好比调皮的学生，在老师的监督下会认认真真地写作业，老师一离开，他们就撒开了玩。很多时候，在调试器中运行良好的程序在生产环境中会神秘地失败。有时，此类失败会附带堆栈跟踪信息，你可以找到发生问题的原因。但有时，失败则要微妙得多，没有明确的迹象表明出了什么问题。

以上一节中的监视器为例，你可能想找出 SlowFunc 挂起的原因。你无法真正在调试器中运行它并单步执行代码，因为你根本无法控制函数的哪个调用挂起。你可以做的只是在发生这种情况时输出堆栈跟踪信息。

这是并发程序中大多数异常的本质：你不知道它什么时候会发生，但你通常可以知道它确实发生了。因此，你可以输出各种诊断信息来回溯程序如何到达那里。例如，你可以在监视器发出警报时输出堆栈跟踪：

```
import (
"runtime/pprof"
```

```
    ...
)
...
go func() {
    select {
    case <-mon.Alert:
        pprof.Lookup("goroutine").WriteTo(os.Stderr, 1)
    case <-mon.Done:
        return
    }
}()
```

这将提供引发警报时所有 goroutine 的堆栈跟踪信息，因此你可以看到哪些 goroutine 调用了 SlowFunc 以及它正在等待什么。

如果死锁包含所有活动的 goroutine，则检测死锁很容易。当运行时意识到没有 goroutine 可以继续时，它会输出堆栈跟踪信息并终止。但如果至少有一个 goroutine 还活着，那就不是一件小事了。一种常见的场景是服务器处理请求会导致仅包含几个 goroutine 的死锁。由于死锁不会阻塞所有的 goroutine，运行时永远不会检测到这种情况，这样的话死锁中的所有 goroutine 都会泄漏。因此，如果你怀疑存在此类泄漏，那么添加一些仪器来诊断问题可能是有意义的：

```
func timeoutStackTrace(timeout time.Duration) (done func()) {
    completed := make(chan struct{})
        done = func() {
        close(completed)
    }

    go func() {
        select {
        case <-time.After(timeout):
            pprof.Lookup("goroutine").WriteTo(os.Stderr, 1)
        case <-completed:
            return
        }
    }()
    return
}
```

timeoutStackTrace 函数会等待，直到调用 done 函数或者发生超时。如果发生超时，它会输出出所有活动 goroutine 的堆栈跟踪信息，因此你可以尝试查找超时的原因。它可以按如下方式使用：

```
func (svc MyService) handler(w http.ResponseWriter, r *http.Request) {
    // 如果调用未在 20 s 内完成，则输出堆栈跟踪信息
    defer timeoutStackTrace(20*time.Second)()
        ...
}
```

正如你所看到的，如果你怀疑存在死锁或无响应的 goroutine 等问题，则在检测到此类情况后输出堆栈跟踪信息可能是排除故障的有效方法。

处理竞争条件可能会更困难。最佳做法通常是开发一个单元测试，复制你怀疑存在竞争的情况，并使用 Go 竞争检测器运行它（使用-race 选项）。

竞争检测器将向程序中添加必要的工具来验证内存操作，并在检测到内存竞争时进行报告。由于依赖于代码检测，因此竞争检测器只能在竞争发生时检测到它们。这意味着如果竞争检测器报告了一个竞争条件，那么就必然存在竞争；但如果它没有报告任何竞争，则并不意味着不存在竞争。因此，请确保运行一段时间的竞争检测测试，以增加发现竞争的机会。

许多竞争条件将表现为损坏的数据结构，就像我们在本章前面演示的链表示例那样。这将需要你进行大量的代码阅读（包括阅读标准库代码或第三方库代码），才能准确地将问题根源识别为竞争条件。

当然，你一旦意识到你正在处理竞争条件而不是其他类型的错误，就可以在检测到已经发生或即将发生某些事情的代码中的关键点上插入 fmt.Printf 或 panic 语句。

10.5　小　　　结

本章简要介绍了一些可用于排除并发程序故障的技术。处理此类程序时的关键思想是，通常只有在坏事发生之后，你才能知道它何时发生。因此，添加额外的代码来生成带有诊断信息的警报可能是一个救星。很多时候，这可能只需要一些额外的日志记录或 Printf 和 panic 语句——它也被戏称为"丐版"调试器（poor man's debugger）。你可以将此类代码添加到你的程序中，并使该代码在生产环境中保持活动状态。

请记住，立即失败几乎总是比错误计算要好。

10.6　延　伸　阅　读

Go 开发环境附带了许多用于诊断的工具。

❑　Go 单元测试框架：

　　https://pkg.go.dev/testing

❑　runtime/pprof 包使程序的内部结构可用于监控工具：

　　https://pkg.go.dev/runtime/pprof

❑　Go Race Detector 确保你的代码不存在竞争：

　　https://go.dev/blog/race-detector

❑　Go Profiler 是分析泄漏和性能瓶颈不可或缺的工具：

　　https://go.dev/blog/pprof